理工系の基礎 複素解析

硲野敏博

加藤芳文

共　著

学術図書出版社

はじめに

　本書は，微分積分学に続いて複素解析を学ぶ人たちを対象とした入門書である．複素解析はふつう関数論とも呼ばれるが，そこで取り扱う関数は，複素数を変数として，複素数に値をとる複素関数である．一般に，複素数は2次方程式を解くために，形式的に導入された数というイメージが強い．しかし，関数を複素数の範囲に拡張し，そこで微分と積分を定義しなおすと，通常の実関数では見えない美しい理論体系が現れてくる．たとえば，実関数では1回微分可能だが2回微分不可能な関数はいくらでもある．これに対して，微分可能な複素関数を正則関数というが，正則関数は自然に何回でも微分可能になる．このほかにも，関数論には，指数関数と3角関数の関係を与えるオイラーの公式，積分路によらずに積分の値が決まるコーシーの定理，積分の値が特定の点の情報から決まる留数定理など，意外性をもった美しい定理がたくさんある．これらは関数論を学ぶ醍醐味といってよい．

　数学はもちろん基礎の積み重ねが大事な学問である．しかし，関数論のように，ときに飛躍してみることも必要である．本書は，理工系の学生のための半期用のテキストを想定して書かれている．関数論を学ぶことにより，すでに学んだ微分積分学の理解がより深まることを期待する．また，本書ではあまり取り上げなかったが，複素解析的な考え方は理工学方面にたくさんの応用をもっている．この分野の人たちにとって，本書が複素解析への入門と理解に役立てば幸いである．そのために，定義と定理に詳しい説明をつけるとともに，例題と練習問題を多くし，読者が実際の計算に慣れるよう工夫した．

　本書の出版にあたって，いくつかの関数論の教科書を参考にさせていただきました．ここに深く感謝いたします．また，お世話になりました学術図書出版社の発田孝夫氏をはじめ，編集部の方々にお礼を申し上げます．

2001年2月

著　者

目　次

1. 複素数と複素関数
　1.1　複素　数 ·· 1
　1.2　複素関数 ·· 8
　1.3　複素級数 ··· 13
　　　　練習問題 1 ·· 20

2. 複素微分
　2.1　複素微分 ··· 24
　2.2　初等関数 ··· 32
　　　　練習問題 2 ·· 40

3. 正則関数
　3.1　複素積分 ··· 43
　3.2　コーシーの積分定理 ································ 51
　3.3　コーシーの積分公式 ································ 57
　3.4　正則関数の性質 ····································· 62
　　　　練習問題 3 ·· 71

4. 有理型関数
　4.1　ローラン展開 ·· 75
　4.2　留　数 ·· 88
　4.3　定積分の計算への応用 ····························· 97
　　　　練習問題 4 ··· 100

　　問題の解答とヒント ··································· 103
　　索　引 ·· 119

1

複素数と複素関数

1.1 複素数

♦ **複素数** ♦　x が集合 X の元（要素）であるとき，すなわち x が X に属するとき，$x \in X$ または $X \ni x$ と書く．x が集合 X に属さないときは $x \notin X$ と書く．実数の全体からなる集合を $\boldsymbol{R}$ で表し，$\boldsymbol{Z}$ と $\boldsymbol{N}$ でそれぞれ整数全体の集合，自然数全体の集合を表す．

2次方程式 $x^2+2=0$ は実数の範囲で解をもたない．そこで，$i^2=-1$ を満たす新しい数 i を導入すれば，$x^2+2=0$ の解は $\sqrt{2}\,i, -\sqrt{2}\,i$ で表される．この数 i は $\sqrt{-1}$ とも書かれ，**虚数単位**と呼ばれる．いま，x と y を実数とするとき，$z=x+iy$ または $z=x+yi$ で表される数 z を**複素数**と呼ぶ．複素数全体からなる集合を $\boldsymbol{C}$ で表す：

$$\boldsymbol{C} = \{z = x+iy \mid x, y \in \boldsymbol{R},\ i^2 = -1\}.$$

$y=0$ のとき，z は実数 x を表す．複素数といえば実数を含めた呼び名で $\boldsymbol{R} \subset \boldsymbol{C}$ が成り立つ．実数でない複素数を**虚数**ということもある．とくに，$z=iy$ の形の複素数を**純虚数**という．

複素数 $z=x+iy$ に対して，x を z の**実部**といい $\mathrm{Re}\,z$ で表し，y を z の**虚部**といい $\mathrm{Im}\,z$ で表す．明らかに

$$x+iy = 0 \iff x = y = 0$$

が成り立つ．また，複素数には大小関係はない．

2つの複素数 $z_1 = x_1+iy_1,\ z_2 = x_2+iy_2$ の四則は，$i^2=-1$ に注意すれば

$$z_1+z_2 = (x_1+iy_1)+(x_2+iy_2) = (x_1+x_2)+i(y_1+y_2),$$

$$z_1-z_2=(x_1+iy_1)-(x_2+iy_2)=(x_1-x_2)+i(y_1-y_2),$$
$$z_1z_2=(x_1+iy_1)(x_2+iy_2)=(x_1x_2-y_1y_2)+i(x_1y_2+x_2y_1),$$
$$\frac{z_1}{z_2}=\frac{x_1+iy_1}{x_2+iy_2}=\frac{x_1x_2+y_1y_2}{x_2{}^2+y_2{}^2}+i\frac{x_2y_1-x_1y_2}{x_2{}^2+y_2{}^2}\quad(z_2\neq 0).$$

複素数 $z=x+iy$ に対して,虚部の符号を変えた $\bar{z}=x-iy$ を z の**共役複素数**という.このとき

$$\overline{(\bar{z})}=z,\quad \mathrm{Re}\,z=\frac{z+\bar{z}}{2},\quad \mathrm{Im}\,z=\frac{z-\bar{z}}{2i}.$$

$z=\bar{z}$ のときに限って z は実数である.

例 1.1 $(2+i)\overline{(1+3i)}=(2+i)(1-3i)=5-5i,$
$$\left(\frac{1}{\sqrt{2}}+\frac{1}{\sqrt{2}}i\right)^2=\frac{(1+i)^2}{2}=\frac{1+2i-1}{2}=i$$

2つの複素数 z_1,z_2 に対して

$$\overline{z_1\pm z_2}=\overline{z_1}\pm\overline{z_2},\quad \overline{z_1z_2}=\overline{z_1}\,\overline{z_2},\quad \overline{\left(\frac{z_1}{z_2}\right)}=\frac{\overline{z_1}}{\overline{z_2}}$$

が成り立つことは容易に確かめられる.

問 1.1 これを確かめよ.

問 1.2 次を計算して $x+iy$ の形で表せ.
 (1) $2+5i-3(1+2i)^2$ (2) $(2+3i)\overline{(1-5i)}$
 (3) $\mathrm{Re}\left(\dfrac{1}{5+2i}\right)$ (4) $\dfrac{2+i}{3i}$ (5) $\left(\dfrac{-1+\sqrt{3}\,i}{2}\right)^3$

問 1.3 $i(x+i)^3$ が実数になるように実数 x を定めよ.

問 1.4 $z(\neq 0)$ が純虚数 $\iff \bar{z}=-z$, を示せ.また,$z^2-\bar{z}^2$ および $\overline{z_1z_2}-\overline{z_1}z_2$ は 0 か純虚数になることを示せ.

◆ **複素平面と極形式** ◆　複素数 $z=x+iy$ に平面 $\boldsymbol{R}^2$ 上の座標 (x,y) をもつ点を対応させると,平面上の各点 (x,y) は1つの複素数 $x+iy$ を表すものと考えることができる.このように,各点が複素数 $z=x+iy$ を表しているような平面を**複素平面**,複素数平面または**ガウス**(Gauss)**平面**という.実数 $z=x+0i=x$ は x 軸上の点 $(x,0)$ を表すから,x 軸を**実軸**という.純虚数

$z = 0+yi$ は y 軸上の点 $(0, y)$ を表すから，y 軸を**虚軸**という．

点 z と原点 O との距離を z の**絶対値**といい $|z|$ で表す．すなわち
$$|z| = \sqrt{x^2+y^2}.$$
このとき，$|z| = |\bar{z}|$，$z\bar{z} = x^2+y^2 = |z|^2$，
$$|z| > 0 \iff z \neq 0.$$

また，Oz と実軸の正の向きとのなす角 θ（ラジアン）を z の**偏角**といい，$\arg z$ で表す．すなわち，$\theta = \arg z = \tan^{-1}\dfrac{y}{x}$．$\theta$ が偏角のとき $\theta + 2n\pi$（$n = \pm 1, \pm 2, \cdots$）も偏角になって，偏角は 1 通りには定まらないが，通常は $0 \leqq \theta < 2\pi$ にとる．$\arg 0$ は考えない．

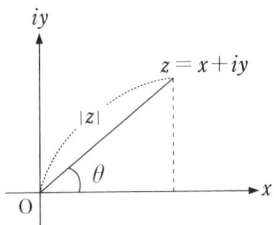

例 1.2 $|3+2i| = \sqrt{3^2+2^2} = \sqrt{13}$, $\arg(-i) = \dfrac{3}{2}\pi$

例 1.3 $|z| < 1$ を満たす z の範囲は，原点 O を中心とする半径 1 の円の内部になる．

注意 $|z| < 1$ を満たす z の範囲を単に $|z| < 1$ で表すことが多い．すなわち，$|z| < 1$ と書けば，集合 $\{z \in \mathbf{C} \mid |z| < 1\}$ のことである．他の集合の場合でも同様に表すことにする．

例 1.4 $|z| < \infty$ は全複素平面 $\mathbf{C}$ を表す．

問 1.5 次の複素数を複素平面上に図示せよ．
　（1）$1+2i$　（2）$-3i$　（3）$-3+i$　（4）$-1-i$

問 1.6 次を満たす z の範囲を複素平面上に図示せよ．

(1) $1 \leqq |z| \leqq 2$　(2) $\arg(z+1) = \dfrac{\pi}{4}$　(3) $|\operatorname{Im} z| < 1$

問 1.7　$\dfrac{-i(z+1)}{(1-i)z}$ が実数になるとき，$\dfrac{z+1}{z}$ の偏角を求めよ．

$|z| = r$，$\arg z = \theta$ とおくとき，$x = r\cos\theta$，$y = r\sin\theta$ であるから
$$z = x + iy = r(\cos\theta + i\sin\theta)$$
と書かれる．この表し方を z の**極表示**または**極形式**という．

例 1.5　$i = \cos\dfrac{\pi}{2} + i\sin\dfrac{\pi}{2}$，$2+2i = 2\sqrt{2}\left(\cos\dfrac{\pi}{4} + i\sin\dfrac{\pi}{4}\right)$

問 1.8　次の複素数を極形式で表せ．
　(1)　$-i$　(2)　$-1 + \sqrt{3}\,i$　(3)　$\sqrt{2} - \sqrt{2}\,i$

2つの複素数 $z_1 = x_1 + iy_1$，$z_2 = x_2 + iy_2$ の和 $z_1 + z_2$ を表す点は，ベクトルの和 $\overrightarrow{Oz_1} + \overrightarrow{Oz_2}$ からもわかるように，Oz_1, Oz_2 を2辺とする平行4辺形の第4の頂点である．

$z_1 - z_2 = z_1 + (-z_2)$ より差 $z_1 - z_2$ を表す点は右図のようになる．これから，2点 z_1 と z_2 の間の距離は $|z_1 - z_2|$ で表される．

$z_1 = r_1(\cos\theta_1 + i\sin\theta_1)$，
$z_2 = r_2(\cos\theta_2 + i\sin\theta_2)$ とするとき
$$\begin{aligned}
z_1 z_2 &= r_1 r_2 (\cos\theta_1 + i\sin\theta_1)(\cos\theta_2 + i\sin\theta_2) \\
&= r_1 r_2 \{(\cos\theta_1\cos\theta_2 - \sin\theta_1\sin\theta_2) + i(\sin\theta_1\cos\theta_2 + \cos\theta_1\sin\theta_2)\} \\
&= r_1 r_2 \{\cos(\theta_1 + \theta_2) + i\sin(\theta_1 + \theta_2)\}
\end{aligned}$$
であるから
$$|z_1 z_2| = |z_1||z_2|,$$
$$\arg(z_1 z_2) = \arg z_1 + \arg z_2.$$

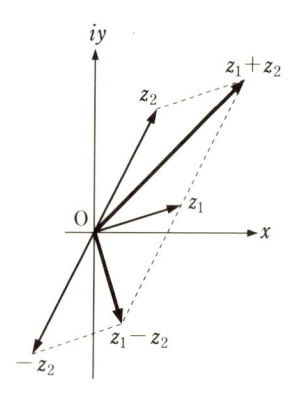

このことから，積 $z_1 z_2$ を表す点 P を図示するには $\triangle \mathrm{O} 1 z_1 \backsim \triangle \mathrm{O} z_2 \mathrm{P}$（相似）となるように点 P をとればよい．

商についても同様にすれば，$z_2 \neq 0$ のとき

$$\frac{z_1}{z_2} = \frac{r_1}{r_2}\{\cos(\theta_1 - \theta_2) + i\sin(\theta_1 - \theta_2)\}$$

となるから

$$\left|\frac{z_1}{z_2}\right| = \frac{|z_1|}{|z_2|}, \quad \arg\left(\frac{z_1}{z_2}\right) = \arg z_1 - \arg z_2.$$

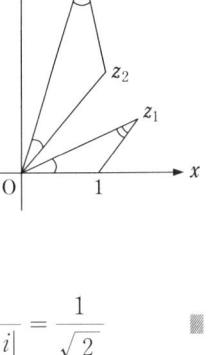

例 1.6 $|(3+i)^4| = |3+i|^4 = \sqrt{10}^4 = 100$, $\left|\dfrac{i}{1+i}\right| = \dfrac{|i|}{|1+i|} = \dfrac{1}{\sqrt{2}}$

問 1.9 次を計算せよ．
　（1）$|i^7|$　（2）$|(1-2i)(2-i)^2|$　（3）$\left|\dfrac{2+i}{1-3i}\right|$

例題 1.1 2つの複素数 z_1, z_2 に対して

$$|z_1+z_2|^2 + |z_1-z_2|^2 = 2(|z_1|^2 + |z_2|^2)$$

が成り立つことを証明せよ．

解答 $|z_1+z_2|^2 = (z_1+z_2)\overline{(z_1+z_2)} = (z_1+z_2)(\overline{z_1}+\overline{z_2})$
$= z_1\overline{z_1} + z_1\overline{z_2} + z_2\overline{z_1} + z_2\overline{z_2} = |z_1|^2 + z_1\overline{z_2} + z_2\overline{z_1} + |z_2|^2.$

同様にして

$$|z_1-z_2|^2 = |z_1|^2 - z_1\overline{z_2} - z_2\overline{z_1} + |z_2|^2.$$

これらを辺々加えればよい．

例題 1.1 の式は，右図からもわかるように，幾何学ではパップス (Pappos) の定理と呼ばれるものである．

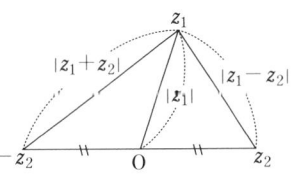

積の偏角についての公式を繰り返し使うと，次のド・モアブル (de Moivre) の公式が得られる．

定理 1.1

すべての整数 n に対して
$$(\cos\theta + i\sin\theta)^n = \cos n\theta + i\sin n\theta$$

n が負の整数のときは
$$(\cos\theta + i\sin\theta)^{-1} = \frac{1}{\cos\theta + i\sin\theta} = \cos\theta - i\sin\theta$$
$$= \cos(-\theta) + i\sin(-\theta)$$
からわかる．

例 1.7 $n = 2$ として左辺を展開すれば，倍角公式
$$\cos 2\theta = \cos^2\theta - \sin^2\theta, \quad \sin 2\theta = 2\sin\theta\cos\theta$$
が得られる．

例 1.8 $(1+i)^{12} = \sqrt{2}^{12}\left(\cos\frac{\pi}{4} + i\sin\frac{\pi}{4}\right)^{12}$
$$= 2^6(\cos 3\pi + i\sin 3\pi) = -2^6 = -64$$

問 1.10 ド・モアブルの定理を数学的帰納法で証明せよ．

複素数の絶対値についても実数と同様な 3 角不等式
$$|z_1| - |z_2| \leqq |z_1 + z_2| \leqq |z_1| + |z_2|$$
が成り立つ．これは右図のアミ部の 3 角形の 3 辺の長さが $|z_1|, |z_2|, |z_1+z_2|$ で表されるからである．

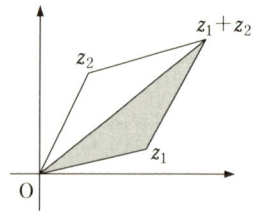

問 1.11 $z = x + iy$ に対して，次の不等式を示せ．
$$|x|, |y| \leqq |z| \leqq |x| + |y|$$

問 1.12 次の複素数間の距離を求めよ．
（1） $z_1 = 2i, z_2 = 3 - i$
（2） $z_1 = 3 + 2i, z_2 = 1 - 5i$

実数 θ に対して，**オイラー（Euler）の公式**と呼ばれる

により $e^{i\theta}$ を定義する．このとき，z の極形式は $z = re^{i\theta}$ と書かれる．また，$e^{-i\theta} = \cos\theta - i\sin\theta$ となるから

$$\cos\theta = \frac{e^{i\theta} + e^{-i\theta}}{2}, \quad \sin\theta = \frac{e^{i\theta} - e^{-i\theta}}{2i}.$$

さらに

$$\begin{aligned}e^{i\theta}e^{i\varphi} &= (\cos\theta + i\sin\theta)(\cos\varphi + i\sin\varphi)\\ &= \cos(\theta + \varphi) + i\sin(\theta + \varphi) = e^{i(\theta+\varphi)}\end{aligned}$$

により，実数の指数法則と同様な

$$e^{i\theta}e^{i\varphi} = e^{i\theta + i\varphi}$$

が成り立つことがわかる．

例 1.9 $i = e^{\frac{\pi}{2}i}$, $-1 - i = \sqrt{2}\, e^{\frac{5}{4}\pi i}$

なお，オイラーの公式は微分積分学での指数関数と 3 角関数のテイラー展開から正当化できる．

問 1.13 このことを説明せよ．

問 1.14 次の複素数を $re^{i\theta}$ の形の極形式で表せ．
（1） -2 　（2） $\sqrt{5}\,i$ 　（3） $3\sqrt{3} + 3i$

例題 1.2 1 の n 乗根，すなわち $z^n = 1$ を満たす z をすべて求めよ．

解答 $|z^n| = |z|^n = 1$, $|z| > 0$ より $|z| = 1$．よって $z = e^{i\theta}$ とおくことができる．$1 = e^{2k\pi i}$ $(k \in \mathbf{Z})$ であるから

$$z^n = e^{in\theta} = e^{2k\pi i}$$

すなわち $\theta = \dfrac{2k\pi}{n}$ $(k = 0, 1, \cdots, n-1)$．

したがって，$\zeta = e^{\frac{2\pi i}{n}} = \cos\dfrac{2\pi}{n} + i\sin\dfrac{2\pi}{n}$ とおけば $1, \zeta, \zeta^2, \cdots, \zeta^{n-1}$ が 1 の n 乗根のすべてである．これらは原点を中心とする半径 1 の円に内接する正 n 角形の頂点に位置する．

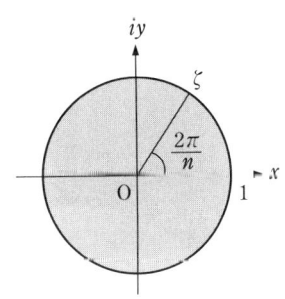

例題 1.2 と同様に，

$z^n = a$ を満たす複素数は，$a = Re^{i\varphi}$ とするとき

$$z_k = R^{\frac{1}{n}}\left(\cos\frac{\varphi+2k\pi}{n} + i\sin\frac{\varphi+2k\pi}{n}\right) = \sqrt[n]{R}\,e^{\frac{\varphi+2k\pi}{n}i}$$

$$(k = 0, 1, \cdots, n-1)$$

の n 個である．

問 1.15 このことを示せ．

問 1.16 1 の 5 乗根をすべて求めて，複素平面上に図示せよ．

問 1.17 次の値を $re^{i\theta}$ の形で表せ．
（1） $1+i$ の平方根　（2） i の 3 乗根　（4） -1 の 4 乗根

1.2　複 素 関 数

◆ **開集合と閉集合** ◆　複素平面において a を中心として半径 r の円の内部 $|z-a| < r$ を**開円板**という．この開円板 $|z-a| < r$ はまた a の **r 近傍**とも呼ばれ，$U_r(a)$ で表される．

A を複素平面の集合とする（以下，集合といえば空集合ではないとする）．A の任意の点 a に対して，$U_r(a) \subset A$ となる $r > 0$ が必ずとれるとき，A は**開集合**であるという．また，A の補集合 $\boldsymbol{C} - A = A^c$ が開集合であるとき，A は**閉集合**であるという．

例 1.10　開円板は開集合である．全平面 $\boldsymbol{C}$ は開集合である（閉集合にもなる）．

例 1.11　$|z-a| \leqq r$ は開集合ではない．円周 $|z-a| = r$ 上の点 b をとるとき，どんな s をとっても $U_s(b) \subset \{z\,|\,|z-a| \leqq r\}$ とならないからである．

$|z-a| \leqq r$ の補集合 $|z-a| > r$ は開集合になるから，$|z-a| \leqq r$ は閉集合である．

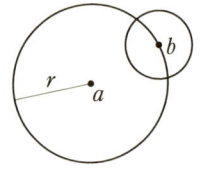

集合 A に対して，$A \subset U_M(O)$ となる $M > 0$ が存在するとき，A は**有界集合**と呼ばれる．有界である閉集合を**有界閉集合**または**コンパクト集合**という．

例 1.12 集合 $|z| \leqq 1$ はコンパクト集合であるが，$|z| \geqq 1$ はコンパクトではない． ∎

◆**複素関数**◆　微分積分学では実変数 x が実数値をとる関数 $y = f(x)$ を扱った．これに対して，以下では複素数の変数 z が複素数の値 $f(z)$ をとる関数 $w = f(z)$ を考える．この複素数値をとる関数を**複素関数**という．$z = x + iy$ として

$$w = f(z) = u(x, y) + iv(x, y)$$

と書けるから，複素関数は 2 つの実関数 $u = u(x, y)$，$v = v(x, y)$ の組で表すこともできる．集合 A に対して

$$w = f(z), \quad z は A の任意の点$$

のとき，関数 $f(z)$ は A で定義されているという．

例 1.13　$f(z) = z^2 = (x + iy)^2 = x^2 - y^2 + 2xyi$ のとき，$u = x^2 - y^2$，$v = 2xy$．この関数は全平面 C で定義される． ∎

例 1.14　$f(z) = \dfrac{1}{z} = \dfrac{1}{x + iy} = \dfrac{x}{x^2 + y^2} - i\dfrac{y}{x^2 + y^2}$ のとき，$u = \dfrac{x}{x^2 + y^2}$，$v = -\dfrac{y}{x^2 + y^2}$．この関数は全平面より原点 O を除いた集合 $0 < |z| < \infty$ で定義される． ∎

問 1.18　次の関数を $u(x, y) + iv(x, y)$ の形に表せ．
　（1）$2z^2 - iz$　（2）$\dfrac{z - i}{z + i}$　（3）$\dfrac{1}{z^3}$

　複素関数 $w = f(z)$ で z の値の変化を表示するのに用いられる複素平面を z **平面**，w の値の変化を表示するのに用いられる複素平面を w **平面**と呼ぶことがある．

例題 1.3　$w = z^2$ によって，z 平面上の直線 $x = a$，$y = b$ ($a \neq 0$，$b \neq 0$) および円周 $|z| = r$ はそれぞれ w 平面ではどんな図形を描くか．

解答 例 1.13 の u, v で, $x = a$ とおいて y を消去すれば
$$v^2 = 4a^2(a^2 - u)$$
を得る.これは点 $w = a^2$ を頂点とする左の方向に延びる放物線である.

同様に, $y = b$ とおいて x を消去すれば
$$v^2 = 4b^2(u + b^2)$$
を得る.これは点 $w = -b^2$ を頂点とする右の方向に延びる放物線である.

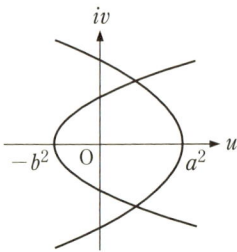

次に,原点を中心として半径 r の円周上を z が動くときは,$z = re^{i\theta}$ とすれば,$w = z^2 = r^2 e^{i(2\theta)}$ より,$z = (r, \theta)$ は $w = (r^2, 2\theta)$ に移る.すなわち,w は半径 r^2 の円周上にあり,θ が 0 から π に動く間に w の偏角は 0 から 2π まで動く. ■

問 1.19 例題 1.3 の解答に現れる 2 種類の放物線は互いに直交することを示せ.

問 1.20 $w = z^2$ によって z 平面のどんな図形が w 平面の直線 $u = c$($\neq 0$)および $v = d$($\neq 0$)に移るか.

集合 A に属する任意の 2 点がつねに A 内の折れ線で結ぶことができるとき,A は連結であるという.連結である開集合を**領域**という.

例 1.15 $|z - 2| < 1$, $|z| > 3$ はいずれも領域である. ■

例 1.16 (a), (b) のように閉曲線で囲まれた内部,(c) のように閉曲線の外部はすべて領域である.ただし,いずれも境界部分は含まない. ■

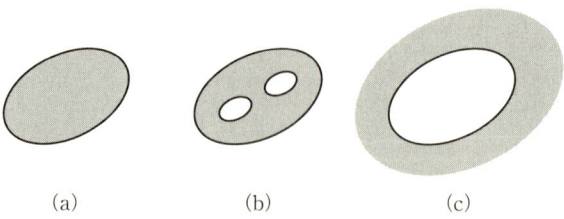

(a)　　　　(b)　　　　(c)

◆ **関数の収束** ◆　　変数 z が 1 つの複素数 a に一致することなく a に近づく

とき，$f(z)$ の値が 1 つの定まった複素数 b に限りなく近づくとする．このとき，

$$\lim_{z \to a} f(z) = b \quad \text{あるいは} \quad f(z) \to b \quad (z \to a)$$

と表し，$z \to a$ のとき $f(z)$ は b に**収束する**という．b を $f(z)$ の**極限値**という．これを言い換えれば

　任意の $\varepsilon > 0$ に対して，$\delta > 0$ が存在して

$$0 < |z-a| < \delta \quad \text{ならば} \quad |f(z)-b| < \varepsilon$$

$\lim_{z \to a} |f(z)| = \infty$ であるとき，

$$\lim_{z \to a} f(z) = \infty \quad \text{または} \quad f(z) \to \infty \quad (z \to a)$$

で表す．また，$|z|$ が限りなく大きくなるとき $f(z)$ が 1 つの複素数 b に近づくことを

$$\lim_{z \to \infty} f(z) = b \quad \text{または} \quad f(z) \to b \quad (z \to \infty)$$

で表す．

　点 z が a に近づくときは，その近づく経路は無数にあるが，どの経路に沿ってであれ，とにかく z と a の距離 $|z-a|$ が 0 に近づくということである．

例 1.17 $\displaystyle\lim_{z \to a} \frac{z^2 - a^2}{z - a} = \lim_{z \to a} (z+a) = 2a$

例題 1.4 $\displaystyle\lim_{z \to 0} \frac{z}{\bar{z}}$ は存在するか．

解答　この極限値が存在すれば，その値は z が 0 に近づく経路に無関係に一定でなければならない．z が実軸に沿って 0 に近づけば，$z = x$ より

$$\lim_{z \to 0} \frac{z}{\bar{z}} = \lim_{x \to 0} \frac{x}{x} = 1.$$

z が虚軸に沿って 0 に近づけば，$z = iy$ より

$$\lim_{z \to 0} \frac{z}{\bar{z}} = \lim_{y \to 0} \frac{iy}{-iy} = -1.$$

よって，この極限値は存在しない．

問 1.21 次の極限値を求めよ．
（1） $\lim_{z \to i} \dfrac{z-i}{z^2+1}$ （2） $\lim_{z \to 0} \dfrac{\operatorname{Re} z}{z}$ （3） $\lim_{z \to \infty} \dfrac{1}{z}$

◆ **連続関数** ◆　集合 A で定義された複素関数 $f(z)$ が A の点 a において
$$\lim_{z \to a} f(z) = f(a)$$
になるとき，$f(z)$ は a で**連続**であるという．これを言い換えれば

　　任意の $\varepsilon > 0$ に対して，$\delta > 0$ が存在して
$$|z-a| < \delta \quad ならば \quad |f(z)-f(a)| < \varepsilon$$
$f(z)$ が A のすべての点で連続のとき，$f(z)$ は A で連続であるという．実変数の関数の場合と同様に，$f(z), g(z)$ が連続であれば
$$\alpha f(z), \quad f(z)+g(z), \quad f(z)g(z), \quad \dfrac{f(z)}{g(z)} \ (g(z) \neq 0)$$
も連続である．

　$g(w)$ が $w = b$ で連続，$w = f(z)$ は $z = a$ で連続で，$b = f(a)$ ならば合成関数 $g(f(z))$ は a で連続である．

---**定理 1.2**---

$f(z) = u(x,y) + iv(x,y)$ が $\boldsymbol{C}$ の部分集合 A で連続であるための必要十分条件は，2 変数関数 $u(x,y), v(x,y)$ が $\boldsymbol{R}^2$ の部分集合 A で連続なことである．

例 1.18　$f(z) = z^2 = (x+iy)^2 = x^2 - y^2 + 2xyi$ は全平面 $\boldsymbol{C}$ で連続である．

例 1.19　$f(z) = \begin{cases} \dfrac{\operatorname{Re} z}{1+|z|} & (z \neq 0) \\ 0 & (z = 0) \end{cases}$

は原点 O で連続である．$z \to 0$ のとき，$x \to 0$ であるから

$$f(z) = \frac{x}{1+|z|} \to 0 = f(0)$$

すなわち $\lim_{z \to 0} f(z) = f(0)$ となるからである. ■

問 1.22 1.1 節(6 ページ)で述べた $z = x+iy$ に関する不等式
$$|x|, |y| \leq |z| \leq |x|+|y|$$
を $f(z)$ に適用して定理 1.2 を証明せよ.

問 1.23 $f(z)$ が集合 A で連続であれば,$\overline{f(z)}$, $|f(z)|$ も A で連続であることを示せ.

次の定理も実変数の場合と同様に証明される:

定理 1.3(ワイエルシュトラス(Weierstrass))

$f(z)$ がコンパクト集合 K で連続ならば,$|f(z)|$ は K で最大値と最小値をとる.

1.3 複素級数

◆ **複素数列** ◆ 複素数の数列 $z_1, z_2, \cdots, z_n, \cdots$ が,$n \to \infty$ のとき
$$|z_n - a| \to 0$$
となるとき,すなわち z_n と a との距離がいくらでも小さくなるとき,数列 $\{z_n\}$ は点 a に**収束する**といい,a を z_n の**極限値**という.このとき
$$\lim_{n \to \infty} z_n = a \quad \text{または} \quad z_n \to a \quad (n \to \infty)$$
と書く.これを言い換えれば

　　任意の $\varepsilon > 0$ が与えられたとき,自然数 N が定まって
$$N \leq n \quad \text{ならば} \quad |z_n - a| < \varepsilon$$
数列が収束しないときは,**発散する**という.

$z_n = x_n + iv_n$, $a = b+ic$ とするとき
$$|x_n - b|, |y_n - c| \leq |z_n - a| \leq |x_n - b| + |y_n - c|$$
であるから
$$\lim_{n \to \infty} z_n = a \iff \lim_{n \to \infty} x_n = b, \ \lim_{n \to \infty} y_n = c$$

すなわち，複素数列の収束発散は2つの実数列の収束発散に帰着される．

微分積分学で知られているように，実数列が収束列であるためには，それがコーシー列であることが必要十分である．同様に，複素数列が収束列であるための条件はコーシー列になることである：

定理1.4

数列 $\{z_n\}$ が収束する $\iff$ $\{z_n\}$ がコーシー列になる

ここで，数列 $\{z_n\}$ が**コーシー列**または**基本列**であるとは

任意の $\varepsilon > 0$ が与えられたとき，自然数 N が定まって

$$N \leq m, n \quad ならば \quad |z_n - z_m| < \varepsilon$$

が成り立つことである．

例1.20 $z_n = \dfrac{n}{1-in} = \dfrac{n}{1+n^2} + i\dfrac{n^2}{1+n^2} \to 0 + i1 = i$

問1.24 収束する数列 $\{z_n\}$ は有界である．すなわち，すべての n に対して，$|z_n| < M$ となる $M > 0$ が存在する．このことを示せ．

問1.25 次の数列 $\{z_n\}$ の極限値を求めよ．

(1) $z_n = \dfrac{1-in}{1+in}$ (2) $z_n = \dfrac{i^n}{n}$ (3) $z_n = \left(\dfrac{1+i}{2}\right)^n$

問1.26 $\lim\limits_{n\to\infty} z_n = a$ のとき，$\lim\limits_{n\to\infty} \overline{z_n} = \overline{a}$ および $\lim\limits_{n\to\infty} |z_n| = |a|$ が成り立つことを示せ．

♦ **複素級数** ♦　複素数列 $\{z_n\}$ において

$$s_n = z_1 + z_2 + \cdots + z_n$$

とおく．この部分和からできる数列 $\{s_n\}$ に対して $\lim\limits_{n\to\infty} s_n = s \in \boldsymbol{C}$ であれば，複素級数 $\sum\limits_{n=1}^{\infty} z_n$ は**収束する**という．s をその和といって $s = \sum\limits_{n=1}^{\infty} z_n$ と書く．$\{s_n\}$ が発散するときは，$\sum\limits_{n=1}^{\infty} z_n$ は**発散する**という．

$\sum\limits_{n=1}^{\infty} z_n$ が収束するための条件は，$\{s_n\}$ がコーシー列になること（定理1.4）

であるから
$$|s_n - s_m| = |z_{n+1} + z_{n+2} + \cdots + z_m|$$
より

任意の $\varepsilon > 0$ が与えられたとき，自然数 N が定まって
$$N \leqq n < m \quad \text{ならば} \quad \left|\sum_{k=n+1}^{m} z_k\right| < \varepsilon$$
が成り立つことである（コーシーの判定条件）．

$\sum_{n=1}^{\infty} z_n$ に対して，実数の級数
$$\sum_{n=1}^{\infty} |z_n| = |z_1| + |z_2| + \cdots + |z_n| + \cdots$$
が収束するとき，複素級数 $\sum_{n=1}^{\infty} z_n$ は**絶対収束する**という．

絶対収束する実数の級数では項の順序を変えても和は不変であるから，絶対収束する複素級数 $\sum_{n=1}^{\infty} z_n$ においても項の順序を変えても和は変わらない．
$$|z_{n+1} + z_{n+2} + \cdots + z_m| \leqq |z_{n+1}| + |z_{n+2}| + \cdots + |z_m|$$
であるから

$\sum_{n=1}^{\infty} z_n$ が絶対収束すれば，$\sum_{n=1}^{\infty} z_n$ は収束する．

また，$\sum_{n=1}^{\infty} z_n$ が絶対収束するための次の十分条件はしばしば用いられる：

すべての n に対して $|z_n| \leqq M_n$ であって，$\sum_{n=1}^{\infty} M_n$ が収束すれば，

$\sum_{n=1}^{\infty} z_n$ は絶対収束する．

これも不等式
$$|z_{n+1} + \cdots + z_m| \leqq |z_{n+1}| + \cdots + |z_m| \leqq M_{n+1} + \cdots + M_m$$
とコーシーの判定条件からただちに得られる．

例 1.21 $\sum_{n=0}^{\infty} |z^n| = \sum_{n=0}^{\infty} |z|^n$ は実数の無限等比級数であるから，$|z| < 1$ のとき収束する．よって，$\sum_{n=0}^{\infty} z^n$ は $|z| < 1$ のとき収束する．このとき，この和

は $\dfrac{1}{1-z}$ になる．実際，部分和は

$$s_n = 1+z+z^2+\cdots+z^{n-1} = \dfrac{1-z^n}{1-z}$$

であり，$|z^n - 0| = |z|^n \to 0$ より $z^n \to 0$．よって，$\sum_{n=0}^{\infty} z^n = \dfrac{1}{1-z}$． ∎

例 1.22 $|z| < 1$ のとき，$\sum_{n=1}^{\infty} nz^{n-1} = \dfrac{1}{(1-z)^2}$ が成り立つ．実際，

$$s_n - zs_n = 1+z+z^2+\cdots+z^{n-1} - nz^n$$

より

$$s_n = \dfrac{1-z^n}{(1-z)^2} - \dfrac{nz^n}{1-z} \to \dfrac{1}{(1-z)^2}.$$ ∎

例 1.23 $\sum_{n=1}^{\infty} \dfrac{i^n}{n^2}$ は $\left|\dfrac{i^n}{n^2}\right| = \dfrac{1}{n^2}$ で，$\sum_{n=1}^{\infty} \dfrac{1}{n^2}$ は収束するから $\sum_{n=1}^{\infty} \dfrac{i^n}{n^2}$ は絶対収束する． ∎

問 1.27 $\sum_{n=1}^{\infty} z_n$ が収束するとき，次を示せ．
（1）$\lim_{n\to\infty} z_n = 0$
（2）すべての n に対して，$|z_n| \leqq M$ となるような $M > 0$ が存在する．

問 1.28 $\sum_{n=1}^{\infty} z_n$ が収束する $\iff$ $\sum_{n=1}^{\infty} \mathrm{Re}\, z_n$ と $\sum_{n=1}^{\infty} \mathrm{Im}\, z_n$ が収束するを示せ．また，このとき和について $\sum_{n=1}^{\infty} z_n = \sum_{n=1}^{\infty} \mathrm{Re}\, z_n + \sum_{n=1}^{\infty} \mathrm{Im}\, z_n$ が成り立つことも示せ．

問 1.29 級数の和 $\sum_{n=1}^{\infty} \left(\dfrac{2}{n(n+1)} + i\dfrac{1}{(n+1)(n+2)}\right)$ を求めよ．

問 1.30 次の級数は収束するか．
（1）$\sum_{n=1}^{\infty} \left(\dfrac{1}{n} + \dfrac{i}{2^n}\right)$　（2）$\sum_{n=1}^{\infty} \dfrac{e^{in}}{n^3}$　（3）$\sum_{n=1}^{\infty} \dfrac{1}{n^2+i}$

問 1.31 $\sum_{n=1}^{\infty} \dfrac{i^n}{n}$ は収束するが，絶対収束はしないことを示せ．

♦ **関数項級数** ♦　　集合 A で定義された複素関数の列
$$f_1(z), \quad f_2(z), \quad \cdots, \quad f_n(z), \quad \cdots$$
に対して，A のすべての点 z で $\{f_n(z)\}$ が収束するとき，この極限関数
$$f(z) = \lim_{n \to \infty} f_n(z)$$
は A で定義された複素関数である．このとき，任意の $\varepsilon > 0$ に対して，A のすべての点 z について自然数 N が定まり
$$N \leq n \quad \text{ならば} \quad |f_n(z) - f(z)| < \varepsilon$$
が成り立つ．このときの N は通常は ε と z に依存する．とくに，N が z に無関係に選べるとき，関数列 $\{f_n(z)\}$ は A で $f(z)$ に**一様収束する**という．

また，領域 D で $\{f_n(z)\}$ が $f(z)$ に収束するとき，D に含まれるすべてのコンパクト集合で $\{f_n(z)\}$ が $f(z)$ に一様収束するならば，$\{f_n(z)\}$ は D で $f(z)$ に**広義一様収束する**または**コンパクト一様収束する**という．

集合 A で定義された関数 $f_n(z)$ を項とする級数 $\sum_{n=1}^{\infty} f_n(z)$ についても，複素級数と同様に収束および発散を定義する．すなわち
$$s_n(z) = f_1(z) + f_2(z) + \cdots + f_n(z), \quad \lim_{n \to \infty} s_n(z) = s(z)$$
となるとき，関数項級数 $\sum_{n=1}^{\infty} f_n(z)$ は $s(z)$ に収束するという．この収束が一様収束ならば，$\sum_{n=1}^{\infty} f_n(z)$ は一様収束するという．コンパクト一様収束についても同様に定義する．

例 1.24　$|z| < 1$ のとき，$\lim_{n \to \infty} z^n = 0$ より関数列 $\{z^n\}$ の極限関数は 0 である．∎

例 1.25　$f_n(z) = \dfrac{1}{1+z^n}$ は $|z| < 1$ で $f(z) = 1$ にコンパクト一様収束する．

実際，$|z| \leq r < 1$ に対して
$$|f_n(z) - f(z)| = \left| \frac{1}{1+z^n} - 1 \right| = \left| \frac{z^n}{1+z^n} \right| \leq \frac{|z|^n}{1 - |z|^n} \leq \frac{r^n}{1 - r^n} \to 0. \quad ∎$$

例 1.26　$f_n(z) = 1 + |z| - \dfrac{1}{(1+|z|)^n}$ は $|z| < 1$ で連続であるが，極限関数

$$f(z) = \lim_{n \to \infty} f_n(z) = \begin{cases} 1+|z| & (z \neq 0) \\ 0 & (z = 0) \end{cases}$$

は $z = 0$ で連続ではない．

例 1.26 のように，$f_n(z)$ は連続であっても極限関数 $f(z)$ は必ずしも連続になるとは限らないが，一様収束する場合はその連続性は保証される．すなわち，次を証明することができる：

集合 A における連続関数の列 $\{f_n(z)\}$ が A で $f(z)$ に一様収束すれば，極限関数 $f(z)$ は A で連続である．

実変数の場合と同様に，15 ページの結果を拡張した次の定理は非常に有効である．

定理 1.5（ワイエルシュトラスの判定法）

集合 A で定義された関数項級数 $\sum_{n=1}^{\infty} f_n(z)$ に対して，すべての n と z で

$$|f_n(z)| \leq M_n$$

が成り立っていて，正項級数 $\sum_{n=1}^{\infty} M_n$ が収束すれば，$\sum_{n=1}^{\infty} f_n(z)$ は A で絶対および一様収束する．

$\sum_{n=1}^{\infty} M_n$ を $\sum_{n=1}^{\infty} f_n(z)$ の**優級数**という．

例 1.27 $\sum_{n=1}^{\infty} \dfrac{z^n}{n^3}$ は $|z| \leq 1$ で一様収束する．実際，$\left|\dfrac{z^n}{n^3}\right| = \dfrac{|z|^n}{n^3} \leq \dfrac{1}{n^3}$ で $\sum_{n=1}^{\infty} \dfrac{1}{n^3}$ が収束するからである．

問 1.32 $f_n(z) = \dfrac{1}{1+|z|^{2n}}$ のとき，$\lim_{n \to \infty} f_n(z)$ を求めよ．

問 1.33 $\sum_{n=1}^{\infty} \dfrac{1}{n^2+|z|}$ は全平面で一様収束することを示せ．

◆ **べき級数** ◆　関数項級数のうち

$$\sum_{n=0}^{\infty} c_n(z-a)^n = c_0 + c_1(z-a) + c_2(z-a)^2 + \cdots$$

の形の無限級数を a を中心とする**べき級数**または**整級数**という．

ここでは主として $a=0$ とおいた場合のべき級数 $\sum_{n=0}^{\infty} c_n z^n$ を取り扱う．

定理 1.6

べき級数 $\sum_{n=0}^{\infty} c_n z^n$ が $z=\alpha$ で収束すれば，半径 $|\alpha|$ の開円板 $|z|<|\alpha|$ で，$\sum_{n=0}^{\infty} c_n z^n$ は絶対収束およびコンパクト一様収束する．

証明　$\sum_{n=0}^{\infty} c_n \alpha^n$ が収束すれば，すべての n に対して $|c_n \alpha^n| \leqq M$ となる $M>0$ が存在する（問 1.27）．よって，$|z| \leqq r < |\alpha|$ となる z と r に対して

$$|c_n z^n| = |c_n \alpha^n| \left|\frac{z}{\alpha}\right|^n \leqq M\left(\frac{|z|}{|\alpha|}\right)^n \leqq M\left(\frac{r}{|\alpha|}\right)^n, \quad 0 < \frac{r}{|\alpha|} < 1$$

$\sum_{n=0}^{\infty} \left(\frac{r}{|\alpha|}\right)^n$ は収束するから，定理 1.5 により，$\sum_{n=0}^{\infty} c_n z^n$ は $|z|<|\alpha|$ で絶対収束し，$|z| \leqq r$ で一様収束する． ∎

べき級数が円の内部 $|z|<r$ ではコンパクト一様に絶対収束し，外部 $|z|>r$ では発散するような r は，定理 1.6 から一意的に確定する．この円 $|z|=r$ を**収束円**といい，r を**収束半径**という．

べき級数 $\sum_{n=0}^{\infty} c_n z^n$ の収束半径は多くの場合，次の式で計算される：

$\lim_{n\to\infty} \sqrt[n]{|c_n|} = l$ が存在すれば，収束半径は $\frac{1}{l}$ である．

$\lim_{n\to\infty} \left|\frac{c_{n+1}}{c_n}\right| = l$ が存在すれば，収束半径は $\frac{1}{l}$ である．

ここで，$l=0$ のときは収束半径 $r=\infty$，$l=\infty$ のときは $r=0$ とする．

例 1.28　$\sum_{n=0}^{\infty} z^n$ の収束半径は 1 である．$\sum_{n=0}^{\infty} \frac{z^n}{n!}$ の収束半径は

$$\frac{c_{n+1}}{c_n} = \frac{n!}{(n+1)!} = \frac{1}{n+1} \to 0 \text{ より } \infty \text{ である．よって，} \sum_{n=0}^{\infty} \frac{z^n}{n!} \text{ は全平面で収束する．}$$

問 1.34 次の級数の収束半径を求めよ．

（1）$\displaystyle\sum_{n=1}^{\infty} \frac{n}{n+1} z^n$ （2）$\displaystyle\sum_{n=1}^{\infty} \frac{z^n}{n^n}$ （3）$\displaystyle\sum_{n=1}^{\infty} n^2 (z-i)^n$

============= 練習問題 1 =============

[A]

1. $z_1 = 2+5i$, $z_2 = -1+i$ のとき次を計算せよ．

（1）$3z_1 + 4z_2$ （2）$z_1 z_2^2$ （3）$z_1 z_2^{-1}$ （4）$\dfrac{\overline{z_2}}{z_1 - z_2}$

2. 次の複素数を $x+iy$ の形で表せ．

（1）$(1-i)^8$ （2）$\left(\dfrac{3+2i}{2-i}\right)^2$ （3）$(3+i)^4 + (3-i)^4$

（4）$\dfrac{1+3i}{1-i} + \dfrac{4-i}{4+i}$ （5）$\overline{(2+5i)(1+2i)^{-2}}$

3. 次の複素数を $re^{i\theta}$ の形の極形式で表せ．

（1）$-\sqrt{5}$ （2）$\sqrt{3}\,i$ （3）$2(\sqrt{3}+i)$ （4）$-\dfrac{1}{6} - \dfrac{\sqrt{3}}{6}i$

4. 次の複素数の絶対値を求めよ．

（1）$5(3+4i)^2$ （2）$(1+i)^{10}$ （3）$\dfrac{2+i}{i} + \dfrac{i}{2+i}$

（4）$-i(1+2i)(\sqrt{2}+i)^2(3+i)$ （5）$\dfrac{(3+2i)(3-i)^8}{(1-3i)^6}$

5. $\dfrac{1+\sqrt{3}\,i}{1+i}$ を極形式で表すことにより $\cos\dfrac{\pi}{12}, \sin\dfrac{\pi}{12}$ の値を求めよ．

6. $z = 3+2i$ のとき，次の値を求めよ．

（1）$z^3 - 6z^2 + 13z + 3$ （2）$z^5 - 5z^4 + 8z^3 + 8z^2 + 4z + 10$

7. 次の方程式の解を $x+iy$ の形で表せ．

（1）$z^4 + z^2 + 1 = 0$ （2）$z^6 + 1 = 0$ （3）$z^3 + 1 - i = 0$

8. 絶対値を直接計算することにより，3角不等式 $|z_1 + z_2| \leqq |z_1| + |z_2|$ を示せ．

9. 次の式を満たす z の範囲を図示せよ．

（1） $|z-i|=1$　（2） $|z|<|z+i|$　（3） $0\leqq \arg z \leqq \dfrac{\pi}{4}$

（4） $\mathrm{Re}\,\dfrac{1}{z}\leqq 1$　（5） $\mathrm{Im}\left(z+\dfrac{1}{z}\right)=0$　（6） $|z-1|+|z+1|=3$

10. $|z|=1$ のとき，$|z-w|=|1-z\overline{w}|$ を示せ．

11. $|z|<1$, $|w|<1$ のとき，$z\overline{w}\neq 1$, $\left|\dfrac{z-w}{1-z\overline{w}}\right|<1$ が成り立つことを示せ．

12. ド・モアブルの定理を用いて，次の3倍角の公式を導け．

　　（1） $\sin 3\theta = 3\sin\theta - 4\sin^3\theta$　（2） $\cos 3\theta = 4\cos^3\theta - 3\cos\theta$

13. $1+z+z^2+\cdots+z^n = \dfrac{1-z^{n+1}}{1-z}$ の z を極形式で表して，両辺の実部と虚部を比較することにより

$$\cos\theta+\cos 2\theta+\cdots+\cos n\theta = \dfrac{\sin\dfrac{n}{2}\theta\cos\dfrac{n+1}{2}\theta}{\sin\dfrac{\theta}{2}},$$

$$\sin\theta+\sin 2\theta+\cdots+\sin n\theta = \dfrac{\sin\dfrac{n}{2}\theta\sin\dfrac{n+1}{2}\theta}{\sin\dfrac{\theta}{2}} \quad \left(\sin\dfrac{\theta}{2}\neq 0\right)$$

を示せ．

14. $f(z)=a_0 z^n + a_1 z^{n-1}+\cdots+a_n\ (a_0\neq 0)$ を実数係数の n 次多項式とする．α が $f(z)=0$ の解であれば，$\overline{\alpha}$ も $f(z)=0$ の解になることを証明せよ．

15. z_1, z_2, z_3 が同一直線上にある $\iff \begin{vmatrix} z_1 & z_2 & z_3 \\ \overline{z_1} & \overline{z_2} & \overline{z_3} \\ 1 & 1 & 1 \end{vmatrix}=0$

が成り立つことを示せ．

16. 次の集合は開集合になるか，閉集合になるか．また，領域になるか．

　　（1） $\{z\mid 0<|z|\leqq 1\}$　（2） $\{z\mid |z+1|<1\}\cup\{z\mid |z-1|<1\}$

　　（3） $\{z\mid |z|<1\}\cap\{z\mid |z-i|<1\}$　（4） $\{z\mid \mathrm{Re}\,z\neq 0\}$

　　（5） $\{z\mid \mathrm{Im}\,z\geqq 0\}$

17. $w=z+\dfrac{1}{z}$ により，z 平面上の $|z|=2$ は w 平面上のどんな図形に移るか．

18. $|z-1|=1$ は $w=\dfrac{1}{\overline{z}}\ (z\neq 0)$ によってどんな図形に移るか．

19. 次の関数を z と $\overline{z}$ で表せ．

　　（1） $x-y+i(x-y)$　（2） $3x^2-y^2$

（3） $x^3+xy^2-i(x^2y+y^3)$ （4） $\dfrac{x^2-y^2-x-i(2x-1)y}{x^2+y^2-2x+1}$

20. 次の極限値を求めよ．

（1） $\lim_{z\to i}(z^2+z\bar{z}+\bar{z}^2)$ （2） $\lim_{z\to -i}\dfrac{z^6+1}{z^2+1}$ （3） $\lim_{z\to 0}\dfrac{1}{z}$

（4） $\lim_{z\to 0}\dfrac{|z|}{z}$ （5） $\lim_{n\to\infty}z^n$

21. $\bar{z}, |z|, \operatorname{Re} z$ はいずれも z の連続関数になることを示せ．

22. 次の関数は原点で連続になるか．

（1） $f(z)=\begin{cases}\dfrac{\operatorname{Im} z}{|z|} & (z\neq 0)\\ 0 & (z=0)\end{cases}$ （2） $f(z)=\begin{cases}\dfrac{z\operatorname{Re} z}{|z|} & (z\neq 0)\\ 0 & (z=0)\end{cases}$

23. 次の数列 $\{z_n\}$ は収束するか．収束する場合には極限値を求めよ．

（1） $z_n=\dfrac{in^2}{n^2-i}$ （2） $z_n=\left(1+\dfrac{2}{n}\right)^n+i\left(1-\dfrac{2}{n}\right)^n$

（3） $z_n=n\left(1-\cos\dfrac{\pi}{n}\right)+in\sin\dfrac{\pi}{n}$

24. 次の級数は収束するか．収束する場合には和を求めよ．

（1） $\sum_{n=0}^{\infty}\left(\dfrac{1+i}{3}\right)^n$ （2） $\sum_{n=1}^{\infty}\dfrac{(1+i)^n}{n}$ （3） $\sum_{n=1}^{\infty}\left(\dfrac{i}{2}\right)^{n-1}n$

25. 次のべき級数の収束半径を求めよ．

（1） $\sum_{n=0}^{\infty}\dfrac{z^n}{(1+2i)^n}$ （2） $\sum_{n=0}^{\infty}\dfrac{n!}{n^n}z^n$ （3） $\sum_{n=1}^{\infty}(2^n-1)z^{n-1}$

（4） $\sum_{n=0}^{\infty}(2^n+3^n)z^n$ （5） $\sum_{n=1}^{\infty}\left(\dfrac{n}{n+1}\right)^{n^2}z^n$

26. 次のべき級数の収束範囲を求めよ．

（1） $\sum_{n=0}^{\infty}\dfrac{i^n}{n!}z^n$ （2） $\sum_{n=1}^{\infty}\dfrac{(z+i)^{n-1}}{(n+1)^2 3^n}$ （3） $\sum_{n=0}^{\infty}\dfrac{n!}{(2n)!}(z-i)^n$

27. 次の級数は指定された範囲で一様収束することを示せ．

（1） $\sum_{n=1}^{\infty}\dfrac{1}{n^2+z^2}$ $(1<|z|<2)$ （2） $\sum_{n=1}^{\infty}\dfrac{\cos n|z|}{n^3}$ （全平面 C）

[B]

1. 複素平面上の円は
$$pz\bar{z}+\bar{a}z+a\bar{z}+q=0 \quad (p,q\in \mathbf{R},\ p\neq 0,\ a\bar{a}>pq)$$
で表されることを示せ．

2. z_1, z_2, z_3 が正3角形をつくる条件は $z_1^2+z_2^2+z_3^2=z_1z_2+z_2z_3+z_3z_1$ であることを示せ．

3. $z^3+3z+5=0$ の解はすべて $|z|=1$ の外部にあることを示せ.

4. 数列 $\{z_n\}$ において次を示せ.

(1) $\lim\limits_{n\to\infty}\left|\dfrac{z_{n+1}}{z_n}\right|=k<1$ ならば,$\sum\limits_{n=1}^{\infty}z_n$ は絶対収束する.

(2) $\lim\limits_{z\to\infty}\sqrt[n]{|z_n|}=k<1$ ならば,$\sum\limits_{n=1}^{\infty}z_n$ は絶対収束する.

5. $\operatorname{Re} z_n>0$ で,$\sum\limits_{n=1}^{\infty}z_n$ および $\sum\limits_{n=1}^{\infty}z_n{}^2$ が収束するとき,$\sum\limits_{n=1}^{\infty}|z_n|^2$ も収束することを示せ.

6. 集合 A で定義された連続関数の列 $\{f_n(z)\}$ が $f(z)$ に一様収束すれば,$f(z)$ は A で連続になることを示せ.

7. $f_n(z)=\dfrac{1}{1+z^n}\dfrac{z^n}{}$ は $|z|<1$ および $|z|>1$ でコンパクト一様収束することを示せ.

8. $c_{n+1}=c_n+c_{n-1}$ $(n\geqq 2)$,$c_1=c_2=1$ で定まる数列 $\{c_n\}$(フィボナッチ数列):

$$1,\ 1,\ 2,\ 3,\ 5,\ 8,\ 13,\ 21,\ \cdots$$

からできるべき級数 $\sum\limits_{n=1}^{\infty}c_n z^n$ の収束半径を求めよ.

9. 次の級数の収束範囲を求めよ.

(1) $\sum\limits_{n=0}^{\infty}(n+i)^2 z^n$ (2) $\sum\limits_{n=1}^{\infty}(z^{n-1}-z^n)$ (3) $\sum\limits_{n=0}^{\infty}\dfrac{z^n}{1+z^{2n}}$

2 複素微分

2.1 複素微分

◆ 正則関数 ◆ 複素関数が微分可能であることの定義は実変数の場合と形式上同じであり，用いられる用語も同じであることが多い．

領域 D で定義された関数 $f(z)$ が D の点 a に対して，極限値

$$\lim_{z \to a} \frac{f(z)-f(a)}{z-a}$$

が存在するとき，$f(z)$ は $z=a$ で**微分可能**であるという．この極限値を $f(z)$ の a における**微分係数**といい，$f'(a), \dfrac{df(a)}{dz}$ などで表す．

$z-a=h$ とおけば

$$f'(a) = \lim_{h \to 0} \frac{f(a+h)-f(a)}{h}.$$

これは

$$f(a+h) = f(a)+(f'(a)+\varepsilon(h))h, \quad \varepsilon(h) \to 0 \ (h \to 0)$$

と表すこともできる．

また，D のすべての点 z における $f'(z)$ を $f(z)$ の**導関数**というのも実変数の場合と同じである．$f(z)$ が D のすべての点 z で微分可能であるとき，$f(z)$ は D で**正則**である，または**正則関数**であるという．さらに，$f(z)$ が点 a の適当な r 近傍で微分可能であるとき，$f(z)$ は点 a で正則であるという．

全平面 $\mathbf{C}$ で正則な関数は**整関数**と呼ばれる．

$f(z)$ が D で正則であれば，$f(z)$ は D で連続である．

例 2.1 $f(z) = z^n$ $(n \in \mathbf{N})$ は整関数であり，$f'(z) = nz^{n-1}$ が成り立つ．さらに，通常の z の多項式も整関数である．

複素関数の微分の定義は実変数の関数と形式的に同一であるから，以下は微分積分学の場合と同様に証明される．

$f(z), g(z)$ が D で正則であれば，$f(z)+g(z)$，$af(z)$，$f(z)g(z)$，$\dfrac{f(z)}{g(z)}$ も D で正則であって，次が成り立つ．

$$(f(z)+g(z))' = f'(z)+g'(z), \quad (af(z))' = af'(z) \quad (a \in \mathbf{C}),$$
$$(f(z)g(z))' = f'(z)g(z)+f(z)g'(z),$$
$$\left(\frac{f(z)}{g(z)}\right)' = \frac{f'(z)g(z)-f(z)g'(z)}{g(z)^2} \quad (g(z) \neq 0).$$

$w = f(z)$，$\zeta = g(w)$ はそれぞれ D，D' $(f(D) \subset D')$ で正則のとき，合成関数 $\zeta = g(f(z))$ も D で正則で

$$\frac{d\zeta}{dz} = \frac{d\zeta}{dw}\frac{dw}{dz} = g'(f(z))f'(z)$$

が成り立つ．

$w = f(z)$ が領域 D で正則で，$f'(z) \neq 0$ とする．$f: D \to f(D)$ が単射（1 対 1 の写像）であれば，逆関数 $z = f^{-1}(w)$ も $f(D)$ で正則であって

$$\frac{d}{dw}f^{-1}(w) = \frac{dz}{dw} = \frac{1}{\dfrac{dw}{dz}} = \frac{1}{f'(z)}.$$

問 2.1 次の関数の導関数を求めよ．また，これらは $\mathbf{C}$ のどの範囲で正則であるか．

（1） z^3+3z-1　（2） $\dfrac{z+1}{z^3}$　（3） $z+\dfrac{2}{z^2+1}$

◆ **コーシー–リーマンの関係式** ◆　2 変数の実関数 $u(x,y)$ が偏微分可能で，偏導関数 u_x および u_y が連続のとき，$u(x,y)$ は C^1 級であるという．

第2章 複素微分

定理 2.1

領域 D で定義された関数 $f(z) = u(x,y) + iv(x,y)$ に対して $u(x,y)$, $v(x,y)$ が C^1 級のとき

$$f(z) \text{ が } D \text{ で正則} \iff \frac{\partial u}{\partial x} = \frac{\partial v}{\partial y}, \ \frac{\partial u}{\partial y} = -\frac{\partial v}{\partial x}$$

証明 $f(z)$ が D で正則であるとして, $h = k + il$ とおく. D 内の点 z に対して

$$f'(z) = \lim_{h \to 0} \frac{f(z+h) - f(z)}{h}$$
$$= \lim_{h \to 0} \frac{u(x+k, y+l) + iv(x+k, y+l) - \{u(x,y) + iv(x,y)\}}{h}.$$

$h = k + il \to 0$ を2つの経路で考える.

まず, $l = 0$, $k \to 0$ とするとき

$$f'(z) = \lim_{k \to 0} \frac{u(x+k, y) - u(x,y)}{k} + i\frac{v(x+k, y) - v(x,y)}{k}$$
$$= u_x + iv_x.$$

次に, $k = 0$, $l \to 0$ とするとき

$$f'(z) = \lim_{l \to 0} \frac{u(x, y+l) - u(x,y)}{il} + i\frac{v(x, y+l) - v(x,y)}{il}$$
$$= -iu_y + v_y.$$

$f(z)$ が正則であるから, $h \to 0$ の経路に無関係にこれら2つは一致するはずである. よって

$$f'(z) = u_x + iv_x = v_y - iu_y.$$

したがって, $u_x = v_y$, $u_y = -v_x$.

逆に $u_x = v_y$, $u_y = -v_x$ が成り立つとする. u_x, v_y が連続であるから

$$u(x+k, y+l) - u(x,y)$$
$$= u(x+k, y+l) - u(x, y+l) + u(x, y+l) - u(x,y)$$
$$= k(u_x + \varepsilon_1) + l(u_y + \varepsilon_2).$$

ここで, $k \to 0$, $l \to 0$ のとき, $\varepsilon_1 \to 0$, $\varepsilon_2 \to 0$ が成り立つ. 同様にして

$$v(x+k,\ y+l)-v(x,y) = k(v_x+\varepsilon_3)+l(v_y+\varepsilon_4)$$

となり，$k \to 0$，$l \to 0$ のとき，$\varepsilon_3 \to 0$，$\varepsilon_4 \to 0$.

よって
$$f(z+h)-f(z) = \{u(x+k,y+l)-u(x,y)\}+i\{v(x+k,y+l)-v(x,y)\}$$
$$= k(u_x+\varepsilon_1)+l(u_y+\varepsilon_2)+ik(v_x+\varepsilon_3)+il(v_y+\varepsilon_4)$$

$u_x = v_y$, $u_y = -v_x$ を用いて
$$= (k+il)(u_x+iv_x)+k(\varepsilon_1+i\varepsilon_3)+l(\varepsilon_2+i\varepsilon_4).$$

$h \to 0$，すなわち $k \to 0$ および $l \to 0$ のとき，$\varepsilon_1+i\varepsilon_3 \to 0$，$\varepsilon_2+i\varepsilon_4 \to 0$ であるから
$$\lim_{h \to 0} \frac{f(z+h)-f(z)}{h} = u_x+iv_x. \blacksquare$$

定理 2.1 の証明から，$f(z) = u(x,y)+iv(x,y)$ が正則であれば
$$f'(z) = u_x+iv_x = v_y-iu_y.$$

ここに現れる $u_x = v_y$, $u_y = -v_x$ を**コーシー-リーマン**（Cauchy-Riemann）**の関係式**という．定理 2.1 は複素関数が正則であるための必要十分条件はコーシー-リーマンの関係式が成り立つことである，ということをいっている．

例 2.2 $f(z) = x^2-y^2+2xyi$ のとき，$u = x^2-y^2$, $v = 2xy$ であるから，$u_x = 2x = v_y$, $u_y = -2y = -v_x$. よって，$f(z)$ は正則関数である．実際，$f(z) = z^2$ である． ∎

例 2.3 $f(z) = x^2+iy$ のとき，$u = x^2$, $v = y$ であるから，$u_x = 2x$, $v_y = 1$. よって，$f(z)$ は正則ではない． ∎

例 2.4 $f(z) = |z|^2 = x^2+y^2$ は $z = 0$ で微分可能であるが，$z = 0$ 以外ではコーシー-リーマンの関係式を満たさないから微分可能ではない．よって，$z = 0$ で正則ではない． ∎

例題 2.1 $f(z) = u(x,y)+iv(x,y)$ とするとき

$$w = f(z) \text{ が正則} \iff \frac{\partial f}{\partial \bar{z}} = 0$$

すなわち，$f(z) = u + iv$ がコーシー‐リーマンの関係式を満たすことと $\frac{\partial f}{\partial \bar{z}} = 0$ は同値であることを証明せよ．

解答 $f(z) = u + iv$ がコーシー‐リーマンの関係式を満たすとする．$x = \frac{z + \bar{z}}{2}, \ y = \frac{z - \bar{z}}{2i}$ より $f(z)$ は z と $\bar{z}$ の関数である．このとき

$$\frac{\partial f}{\partial \bar{z}} = \frac{\partial f}{\partial x}\frac{\partial x}{\partial \bar{z}} + \frac{\partial f}{\partial y}\frac{\partial y}{\partial \bar{z}} = \frac{1}{2}(u_x + iv_x) - \frac{1}{2i}(u_y + iv_y)$$

$$= \frac{1}{2}(u_x - v_y) + \frac{i}{2}(u_y + v_x) = 0.$$

逆に $\frac{\partial f}{\partial \bar{z}} = 0$ であれば，上の式から $\frac{\partial f}{\partial \bar{z}} = \frac{1}{2}(u_x - v_y) + \frac{i}{2}(u_y + v_x)$ となる． ■

例 2.5 $f(z) = \bar{z}$ は $\frac{\partial f}{\partial \bar{z}} = 1$ であるから，正則関数ではない． ■

問 2.2 コーシー‐リーマンの関係式は $\frac{\partial f}{\partial x} = \frac{1}{i}\frac{\partial f}{\partial y}$ と同値であることを示せ．

問 2.3 次の関数は C で正則であるか．
 (1) $f(z) = x^2 - 2xy - y^2 + i(x^2 + 2xy - y^2)$
 (2) $f(z) = x^4 - y^4 + 4x^3yi$ (3) $f(z) = z + \bar{z}$

問 2.4 次の関数が正則になるように，a, b, c, d を定めよ．
 (1) $f(z) = (ax + 2y) + i(bx + 3y)$
 (2) $f(z) = (ax^2 + 4xy + by^2) + i(cx^2 + 2xy + dy^2)$

例題 2.2 領域 D において $f'(z) = 0$ であれば，$f(z)$ は D で定数になる．このことを証明せよ．

解答 $f(z) = u + iv$ として，$f'(z) = u_x + iv_x = v_y - iu_y = 0$ から，D において $u_x = u_y = v_x = v_y = 0$ が成り立つ．$u_x = 0$ より u は x を含まな

い，$u_y = 0$ より u は y を含まない．よって，u は x も y も含まないから定数である．同様に，v も定数になる．すなわち，$f(z) = u + iv$ は定数である．∎

問 2.5 $f(z)$ が D で正則で，$\mathrm{Re}\, f(z)$ または $\mathrm{Im}\, f(z)$ が定数であれば，$f(z)$ は定数になることを示せ．

◆ **調和関数** ◆　実変数の関数 $f(x, y)$ がラプラス（Laplace）の微分方程式
$$\frac{\partial^2 f}{\partial x^2} + \frac{\partial^2 f}{\partial y^2} = 0$$
を満たすとき，$f(x, y)$ は調和関数であるという．

$f(z) = u + iv$ とする．コーシー–リーマンの関係式を用いれば
$$u_{xx} = \frac{\partial u_x}{\partial x} = \frac{\partial v_y}{\partial x} = v_{yx}, \qquad u_{yy} = \frac{\partial u_y}{\partial y} = -\frac{\partial v_x}{\partial y} = -v_{xy}$$
であるから，$u_{xx} + u_{yy} = 0$．同様にして，$v_{xx} + v_{yy} = 0$ も成り立つから

---**定理 2.2**---

$f(z) = u(x, y) + iv(x, y)$ が正則であれば，$u(x, y)$ と $v(x, y)$ はともに調和関数である．

例題 2.3　$u(x, y) = x^3 - 3x^2 y - 3xy^2 + y^3$ は調和関数であることを示し，$u(x, y)$ を実部にもつ正則関数を求めよ．

解答　$u = x^3 - 3x^2 y - 3xy^2 + y^3$ から，
$$u_x = 3x^2 - 6xy - 3y^2, \qquad u_{xx} = 6x - 6y,$$
$$u_y = -3x^2 - 6xy + 3y^2, \qquad u_{yy} = -6x + 6y.$$
よって，$u_{xx} + u_{yy} = 0$ が成り立つから，u は調和関数である．

$v_y = u_x = 3x^2 - 6xy - 3y^2$ より $v = 3x^2 y - 3xy^2 - y^3 + t(x)$．
$v_x = -u_y$ より
$$6xy - 3y^2 + t'(x) = 3x^2 + 6xy - 3y^2,$$

すなわち $t'(x) = 3x^2$ となって $t(x) = x^3 + c_1$ (c_1 は実数の定数).

したがって，求める正則関数は
$$f(z) = x^3 - 3x^2y - 3xy^2 + y^3 + i(3x^2y - 3xy^2 - y^3 + x^3 + c_1)$$
$$= (1+i)(x+iy)^3 + c_1 i = (1+i)z^3 + c \quad (c \text{ は純虚数の定数}).$$

問 2.6 $v = 3x^2y - y^3$ は調和関数であることを示し，v を虚部にもつ正則関数を求めよ．

◆ **べき級数の正則性** ◆ べき級数は収束円の内部で正則関数であることを証明しよう．最初に，べき級数 $f(z) = \sum_{n=0}^{\infty} c_n z^n$ とこれを項別微分したべき級数 $\sum_{n=1}^{\infty} nc_n z^{n-1}$ の収束半径が一致することを示す．

$\sum_{n=1}^{\infty} nc_n z^n$ と $\sum_{n=1}^{\infty} nc_n z^{n-1}$ は同じ収束半径をもつから，$\sum_{n=0}^{\infty} c_n z^n, \sum_{n=1}^{\infty} nc_n z^n$ の収束半径をそれぞれ r, s とするとき，$r = s$ を示せばよい．

$|c_n| \leq |nc_n|$ であるから，$r \geq s$ は成り立つ．$|z| < r$ の任意の点 z に対して，$|z| < a < r$ となるような a をとる．$\sum_{n=0}^{\infty} c_n a^n$ は収束するから，すべての自然数 n で $|c_n a^n| \leq M$ となる $M > 0$ が存在する．このとき
$$|nc_n z^n| = n|c_n a^n|\left|\frac{z}{a}\right|^n \leq nM\left|\frac{z}{a}\right|^n.$$

$\sum_{n=1}^{\infty} n\left|\frac{z}{a}\right|^n$ は収束するから，定理 1.5 により $\sum_{n=1}^{\infty} nc_n z^n$ は収束する．すなわち $r \leq s$ となり，$r = s$ が示された．

次に，$|z| < r$ となる点 z を任意にとる．$|z| < d < r$ を満たす d に対して，$|z| + |h| < d$ となる $h (\neq 0)$ をとる．$\sum_{n=0}^{\infty} c_n d^n$ は収束するからすべての n で

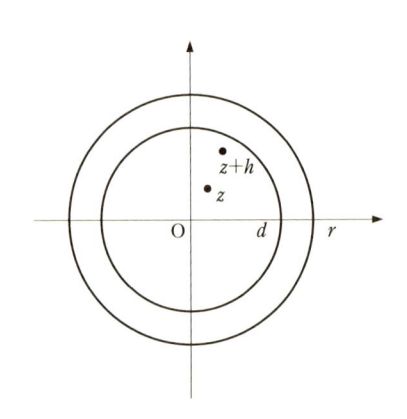

$|c_n d^n| < M$ となる $M > 0$ がとれる．上で証明したことから

$$\left|\frac{f(z+h)-f(z)}{h} - \sum_{n=1}^{\infty} nc_n z^{n-1}\right| \leq \sum_{n=1}^{\infty} |c_n| \left|\frac{(z+h)^n - z^n}{h} - nz^{n-1}\right|$$

$$\leq \sum_{n=2}^{\infty} \frac{M}{d^n} |{}_nC_2 z^{n-2} h + {}_nC_3 z^{n-3} h^2 + \cdots + h^{n-1}|$$

$$\leq M \sum_{n=2}^{\infty} \frac{1}{d^n} ({}_nC_2 |z|^{n-2} |h| + {}_nC_3 |z|^{n-3} |h|^2 + \cdots + |h|^{n-1})$$

$$= M \sum_{n=1}^{\infty} \frac{1}{d^n} \left\{\frac{(|z|+|h|)^n - |z|^n}{|h|} - n|z|^{n-1}\right\}$$

$$= \frac{M}{|h|} \sum_{n=1}^{\infty} \left\{\left(\frac{|z|+|h|}{d}\right)^n - \left(\frac{|z|}{d}\right)^n\right\} - \frac{M}{d} \sum_{n=1}^{\infty} n\left(\frac{|z|}{d}\right)^{n-1}$$

$$= \frac{M}{|h|} \left(\frac{1}{1-\frac{|z|+|h|}{d}} - \frac{1}{1-\frac{|z|}{d}}\right) - \frac{M}{d} \frac{1}{\left(1-\frac{|z|}{d}\right)^2} \quad (\text{例} 1.22 \text{を参照})$$

$$= \frac{Md|h|}{(d-|z|-|h|)(d-|z|)^2} \to 0 \quad (h \to 0).$$

よって

$$\lim_{h \to 0} \frac{f(z+h)-f(z)}{h} = \sum_{n=1}^{\infty} nc_n z^{n-1}.$$

したがって

定理 2.3

べき級数 $f(z) = \sum_{n=0}^{\infty} c_n z^n$ は収束円の内部 $|z| < r$ で正則であって

$$f'(z) = \sum_{n=1}^{\infty} nc_n z^{n-1}$$

が成り立つ．すなわち，べき級数は収束円内で項別微分可能である．

例 2.6 $\sum_{n=0}^{\infty} z^n = \dfrac{1}{1-z}$ を項別微分すれば，$|z|<1$ で

$$\sum_{n=1}^{\infty} nz^{n-1} = \frac{1}{(1-z)^2}.$$

よって，$|z|<1$ で $\sum\limits_{n=1}^{\infty} nz^n = z\sum\limits_{n=1}^{\infty} nz^{n-1} = \dfrac{z}{(1-z)^2}$.

問 2.7 べき級数 $\sum\limits_{n=1}^{\infty} n(n+1)z^{n-1}$ $(|z|<1)$ の和を求めよ．

2.2 初 等 関 数

◆ **指数関数** ◆　$z=x+iy$ の関数
$$f(z) = u(x,y) + iv(x,y) = e^x\cos y + ie^x\sin y$$
を考える．
$$u_x = e^x\cos y = v_y, \quad u_y = -e^x\sin y = -v_x$$
より，コーシー‐リーマンの関係式が成立するから $f(z)$ は全平面で正則である．この整関数 $f(z)$ を e^z または $\exp z$ で表し，**指数関数**という：
$$e^z = e^x(\cos y + i\sin y) = e^x e^{iy}.$$
$y=0$ のとき，$e^z = e^x$ は実変数 x の指数関数になるから，e^z は e^x の複素変数への自然な拡張である．

e^z の導関数は
$$(e^z)' = u_x + iv_x = e^x\cos y + ie^x\sin y = e^z$$
より e^z それ自身である：
$$\frac{d}{dz}(e^z) = e^z.$$
また，実変数の指数関数と 3 角関数のテイラー展開（べき級数展開）を利用すれば
$$\begin{aligned}
e^z &= e^x(\cos y + i\sin y) \\
&= e^x\left\{\left(1 - \frac{y^2}{2!} + \frac{y^4}{4!} - \cdots\right) + i\left(y - \frac{y^3}{3!} + \frac{y^5}{5!} - \cdots\right)\right\} \\
&= \left(1 + x + \frac{x^2}{2!} + \frac{x^3}{3!} + \cdots\right)\left(1 + iy + \frac{(iy)^2}{2!} + \frac{(iy)^3}{3!} + \cdots\right) \\
&= 1 + (x+iy) + \frac{(x+iy)^2}{2!} + \frac{(x+iy)^3}{3!} + \cdots
\end{aligned}$$

$$= 1 + z + \frac{z^2}{2!} + \frac{z^3}{3!} + \cdots.$$

よって，複素変数の指数関数も実変数と同じ形のべき級数に展開される：

$$e^z = 1 + z + \frac{z^2}{2!} + \frac{z^3}{3!} + \cdots = \sum_{n=0}^{\infty} \frac{z^n}{n!}.$$

このべき級数は，収束半径は ∞ であるから全平面で収束する整関数である．

さらに，指数関数 e^z は次のような性質をもつ．

（ⅰ） $|e^z| = e^x$, $\arg e^z = y$

（ⅱ） $e^{z_1} e^{z_2} = e^{z_1 + z_2}$：指数法則が成り立つ

（ⅲ） $e^{z + 2n\pi i} = e^z$ （$n \in \mathbf{Z}$）

実際，$z_1 = x_1 + iy_1$, $z_2 = x_2 + iy_2$ とすれば

$$\begin{aligned}
e^{z_1} e^{z_2} &= e^{x_1}(\cos y_1 + i \sin y_1) e^{x_2}(\cos y_2 + i \sin y_2) \\
&= e^{x_1 + x_2} \{\cos (y_1 + y_2) + i \sin (y_1 + y_2)\} \\
&= e^{x_1 + x_2 + i(y_1 + y_2)} = e^{z_1 + z_2}.
\end{aligned}$$

$$\begin{aligned}
e^{z + 2n\pi i} &= e^{x + i(y + 2n\pi)} \\
&= e^x \{\cos (y + 2n\pi) + i \sin (y + 2n\pi)\} \\
&= e^x (\cos y + i \sin y) = e^z.
\end{aligned}$$

$f(z)$ が ω を周期にもてば整数倍 $n\omega$ も周期になる．すなわち

$$f(z + \omega) = f(z) \quad \text{ならば} \quad f(z + n\omega) = f(z).$$

この ω を $f(z)$ の**基本周期**という．(ⅲ) から e^z は基本周期 $2\pi i$ をもつ．

問 2.8 次の値を求めよ．
 （1） $e^{\pi + \frac{\pi}{4} i}$ （2） e^{1+i} （3） $e^{\frac{1}{2} + 3\pi i}$

問 2.9 $e^z \neq 0$, $\overline{e^z} = e^{\bar{z}}$ を示せ．

問 2.10 e^z は $2\pi i$ 以外に基本周期をもたないことを示せ．

◆ **対数関数** ◆ 対数関数は指数関数の逆関数として定められる：

$$w = \log z \iff z = e^w$$

いま $w = u + iv$, $z = re^{i\theta}$ とするとき，$z = e^w$ から

$$re^{i\theta} = e^{u+iv} = e^u e^{iv} \quad \text{すなわち} \quad r = e^u, \; e^{i\theta} = e^{iv}.$$

よって

$$u = \log r \quad (\text{通常の自然対数}), \quad v = \theta + 2n\pi \quad (n \in \mathbb{Z}).$$

したがって
$$w = \log z = \log r + i(\theta + 2n\pi) = \log|z| + i(\arg z + 2n\pi).$$

$\log z$ は与えられた 1 つの z に対して無限個の値をとる多価関数である．

とくに，$n = 0$ のときにあたる
$$\mathrm{Log}\, z = \log r + i\theta \quad (0 \leqq \theta < 2\pi)$$
を $\log z$ の**主値**という．

微分積分学における対数関数 $\log x$ は $x > 0$ で値が実数であるものだけをとったものである．区別が必要ならこの自然対数を $\log_e x$ で表す．

$\log z$ の導関数は
$$(\log z)' = \frac{dw}{dz} = \frac{1}{\dfrac{dz}{dw}} = \frac{1}{e^w} = \frac{1}{z},$$

すなわち，$\dfrac{d}{dz}\log z = \dfrac{1}{z}$．

例 2.7 $i = 1 e^{\frac{\pi}{2}i}$ より
$$\log i = \log 1 + i\left(\frac{\pi}{2} + 2n\pi\right) = \left(\frac{1}{2} + 2n\right)\pi i,$$

$1+i = \sqrt{2}\, e^{\frac{\pi}{4}i}$ より
$$\log(1+i) = \log\sqrt{2} + i\left(\frac{\pi}{4} + 2n\pi\right) = \frac{1}{2}\log 2 + \left(\frac{1}{4} + 2n\right)\pi i$$

例 2.8 $\log 2 = \log(2e^{i0}) = \log 2 + 2n\pi i,$
$\log(-2) = \log(2e^{i\pi}) = \log 2 + (2n+1)\pi i,$
$\mathrm{Log}\, 2 = \log 2, \quad \mathrm{Log}(-2) = \log 2 + \pi i$

例 2.9 $\log(-1)^2 = \log 1 = 2n\pi i,$
$2\log(-1) = 2i(\pi + 2n\pi) = 2(1+2n)\pi i$
よって，$\log(-1)^2 \neq 2\log(-1)$ となって $\log z^2 = 2\log z$ は成り立たな

2.2 初等関数

問 2.11 次を示せ．
(1) $e^{\log z} = z$ (2) $\log e^z = z + 2n\pi i$

問 2.12 次の値を求めよ．
(1) $\log(-i)$ (2) $\log e$
(3) $\log(\sqrt{3} + i)$ (4) $\mathrm{Log}(\sqrt{3} + i)$

◆ **べき乗** ◆ 一般の複素数のべき（累乗）については
$$a^b = e^{b \log a} \quad (a \neq 0)$$
で定義する．

例 2.10 $1^i = e^{i \log 1} = e^{i(2n\pi i)} = e^{-2n\pi}$,
$i^2 = e^{2 \log i} = e^{2\left(\frac{1}{2} + 2n\right)\pi i} = e^{\pi i} = -1$,
$(-3)^3 = e^{3 \log(-3)} = e^{3(\log 3 + (1+2n)\pi i)} = 3^3 e^{3\pi i} = -3^3$,
$1^{\frac{1}{3}} = e^{\frac{1}{3} \log 1} = e^{\frac{2}{3} n\pi i} \quad (n = 0, 1, 2)$,

最後の例は 3 つの値 1, $e^{\frac{2}{3}\pi i} = \dfrac{-1 + \sqrt{3}\,i}{2}$, $e^{\frac{4}{3}\pi i} = \dfrac{-1 - \sqrt{3}\,i}{2}$ を表す．

一般に，$a^{\frac{1}{n}} = e^{\frac{1}{n} \log a} \ (a \neq 0)$ を計算することにより a の n 乗根が求められる．

例 2.11 複素数 a, b, c に対しては必ずしも $(a^b)^c = a^{bc}$ は成り立たない．

たとえば
$$(i^2)^i = (-1)^i = e^{i \log(-1)} = e^{i(1+2n)\pi i} = e^{-(1+2n)\pi},$$
$$i^{2i} = e^{2i \log i} = e^{2i\left(\frac{1}{2} + 2n\right)\pi i} = e^{-(1+4n)\pi}$$

複素数 $a\ (\neq 0)$ に対して，z の関数 a^z は $\log a$ の値を 1 つ固定すれば整関数であり，導関数は
$$(a^z)' = (e^{z \log a})' = a^z \log a.$$

注意 対数関数，$w = z^3$ の逆関数である $\sqrt[3]{z}$ などのべき乗根の関数，$z^b\ (b \in \mathbf{C})$ などのべき乗の関数は多価関数である．これらを通常の 1 価関数として取り扱う

には分枝やリーマン面の概念を必要とするが，この本ではいっさいそれにはふれないことにする．

問 2.13 次の値を求めよ．
（1）$1^{\sqrt{3}}$　（2）$i^{\frac{1}{3}}$　（3）i^i　（4）$|(-2)^i|$

◆ **3 角関数** ◆　　整関数 e^{iz}, e^{-iz} を用いて，複素変数の **3 角関数**
$$\cos z = \frac{e^{iz}+e^{-iz}}{2}, \quad \sin z = \frac{e^{iz}-e^{-iz}}{2i}$$
を定義する．これらも整関数であり，実変数の 3 角関数の自然な拡張である（7 ページ参照）．これらの 3 角関数の導関数は
$$(\cos z)' = \left(\frac{e^{iz}+e^{-iz}}{2}\right)' = \frac{i}{2}(e^{iz}-e^{-iz}) = -\sin z,$$
$$(\sin z)' = \left(\frac{e^{iz}-e^{-iz}}{2i}\right)' = \frac{1}{2}(e^{iz}+e^{-iz}) = \cos z$$
すなわち
$$\frac{d}{dz}(\cos z) = -\sin z, \quad \frac{d}{dz}(\sin z) = \cos z.$$
また，e^z のべき級数展開から，全平面で
$$\cos z = 1 - \frac{z^2}{2!} + \frac{z^4}{4!} - \cdots = \sum_{n=0}^{\infty}(-1)^n \frac{z^{2n}}{(2n)!},$$
$$\sin z = z - \frac{z^3}{3!} + \frac{z^5}{5!} - \cdots = \sum_{n=0}^{\infty}(-1)^n \frac{z^{2n+1}}{(2n+1)!}$$
と展開される．

また，他の 3 角関数も $\tan z = \dfrac{\sin z}{\cos z}$ のように実変数の場合と同じ形で定義される．

次に
$$\cos^2 z + \sin^2 z = \left(\frac{e^{iz}+e^{-iz}}{2}\right)^2 + \left(\frac{e^{iz}-e^{-iz}}{2i}\right)^2$$
$$= \frac{1}{4}(e^{2iz}+e^{-2iz}+2) - \frac{1}{4}(e^{2iz}+e^{-2iz}-2) = 1.$$

定義式から e^{iz} と e^{-iz} を求めれば
$$e^{iz} = \cos z + i\sin z, \quad e^{-iz} = \cos z - i\sin z.$$

これはオイラーの公式が複素変数の3角関数でも成り立つことを示している．
さらに
$$\sin(z_1+z_2) = \frac{1}{2i}(e^{i(z_1+z_2)} - e^{-i(z_1+z_2)}) = \frac{1}{2i}(e^{iz_1}e^{iz_2} - e^{-iz_1}e^{-iz_2})$$
$$= \frac{1}{2i}\{(\cos z_1 + i\sin z_1)(\cos z_2 + i\sin z_2)$$
$$-(\cos z_1 - i\sin z_1)(\cos z_2 - i\sin z_2)\}$$
$$= \sin z_1 \cos z_2 + \cos z_1 \sin z_2$$

以上から3角関数については次が成り立つ．

（ⅰ）　$\sin^2 z + \cos^2 z = 1$

（ⅱ）　$\cos(z_1+z_2) = \cos z_1 \cos z_2 - \sin z_1 \sin z_2$
　　　　$\sin(z_1+z_2) = \sin z_1 \cos z_2 + \cos z_1 \sin z_2$

（ⅲ）　$\cos z, \sin z$ はともに基本周期 2π をもつ．

（ⅳ）　$\overline{\cos z} = \cos \overline{z}, \quad \overline{\sin z} = \sin \overline{z}$

例 2.12　$\cos i = \dfrac{e+e^{-1}}{2}, \quad \sin\dfrac{\pi}{2} = \dfrac{e^{\frac{\pi}{2}i} - e^{-\frac{\pi}{2}i}}{2i} = \dfrac{i-(-i)}{2i} = 1$

例 2.13　$z \neq 0$ のとき
$$\frac{\sin z}{z} = \frac{1}{z}\left(z - \frac{z^3}{3!} + \frac{z^5}{5!} - \cdots\right) = 1 - \frac{z^2}{3!} + \frac{z^4}{5!} - \cdots$$
であるから，$\displaystyle\lim_{z \to 0} \frac{\sin z}{z} = 1$.

問 2.14 (ii) の第 2 の式，(iii) および (iv) を示せ．

問 2.15 次の値を求めよ．
（1） $\sin i$ （2） $i \sin i\pi$ （3） $i \tan i$

問 2.16 次を示せ．
（1） $\cos(-z) = \cos z$ （2） $\sin(-z) = -\sin z$
（3） $\sin\left(\dfrac{\pi}{2} - z\right) = \cos z$ （4） $\sin(z+\pi) = -\sin z$

実変数のときに成り立った 3 角関数の公式は複素変数の場合でも成り立つことが多いが，$|\sin z| \leqq 1$, $|\cos z| \leqq 1$ は成り立たない．すなわち $\sin z$, $\cos z$ は任意の値をとることができて，複素平面では有界ではない．

例題 2.4 $\sin z$ を $\sin z = u(x, y) + iv(x, y)$ の形で表せ．
また，$\sin z = 2$ を満たす z を求めよ．

解答 $\sin z = \dfrac{1}{2i}(e^{i(x+iy)} - e^{-i(x+iy)}) = \dfrac{1}{2i}(e^{ix}e^{-y} - e^{-ix}e^{y})$

$= \dfrac{1}{2i}\{e^{-y}(\cos x + i\sin x) - e^{y}(\cos x - i\sin x)\}$

$= \dfrac{1}{2}(e^{y} + e^{-y})\sin x + \dfrac{i}{2}(e^{y} - e^{-y})\cos x,$

すなわち

$$u(x, y) = \dfrac{1}{2}(e^{y} + e^{-y})\sin x, \quad v(x, y) = \dfrac{1}{2}(e^{y} - e^{-y})\cos x.$$

次に，$\sin z = 2$ のとき

$$\dfrac{1}{2}(e^{y} + e^{-y})\sin x = 2, \quad \dfrac{1}{2}(e^{y} - e^{-y})\cos x = 0.$$

$e^{y} = e^{-y}$，すなわち $y = 0$ のとき $\sin x = 2$ となり不合理である．$\cos x = 0$，すなわち $x = \dfrac{\pi}{2} + m\pi$ ($m \in \mathbb{Z}$) のときは $e^{y} + e^{-y} > 0$, $\sin x > 0$ に注意すれば $m = 2n$ (偶数) になる．

よって，$\sin x = 1$ であって，$e^{y} + e^{-y} = 4$．そこで，$e^{y} = 2 \pm \sqrt{3}$. すなわち，$y = \log(2 \pm \sqrt{3})$．したがって，求める z は

$$z = \left(\frac{1}{2} + 2n\right)\pi + i\log(2\pm\sqrt{3}) \quad (n \in \mathbf{Z}).$$

問 2.17 $\sin z$ の定義から，$\sin z = 0$ を満たす z を求めよ．
問 2.18 $\cos z$ を $u + iv$ の形で表せ．

◆ 双曲線関数 ◆　整関数 e^z, e^{-z} を用いて，双曲線関数

$$\cosh z = \frac{e^z + e^{-z}}{2}, \quad \sinh z = \frac{e^z - e^{-z}}{2}$$

を定義する．これらも整関数であり，導関数は

$$(\cosh z)' = \left(\frac{e^z + e^{-z}}{2}\right)' = \frac{e^z - e^{-z}}{2} = \sinh z,$$
$$(\sinh z)' = \left(\frac{e^z - e^{-z}}{2}\right)' = \frac{e^z + e^{-z}}{2} = \cosh z.$$

e^z のべき級数展開から

$$\cosh z = 1 + \frac{z^2}{2!} + \frac{z^4}{4!} + \cdots = \sum_{n=0}^{\infty} \frac{z^{2n}}{(2n)!},$$
$$\sinh z = z + \frac{z^3}{3!} + \frac{z^5}{5!} + \cdots = \sum_{n=0}^{\infty} \frac{z^{2n+1}}{(2n+1)!}.$$

例 2.14　$\cosh(\pi i) = \dfrac{1}{2}(e^{\pi i} + e^{-\pi i}) = -1$

$\sinh\left(\dfrac{\pi}{2}i\right) = \dfrac{1}{2}(e^{\frac{\pi}{2}i} - e^{-\frac{\pi}{2}i}) = i$

双曲線関数は次の性質をもつ．

(ⅰ)　$\cosh^2 z - \sinh^2 z = 1$
(ⅱ)　$e^z = \cosh z + \sinh z, \quad e^{-z} = \cosh z - \sinh z$
(ⅲ)　$\cos z = \cosh(iz), \quad i\sin z = \sinh(iz)$
　　　$\cosh z = \cos(iz), \quad i\sinh z = \sin(iz)$
(ⅳ)　$\cosh z, \sinh z$ の基本周期はともに $2\pi i$．

問 2.19 これらを示せ．

問 2.20 次を示せ．
$$\cos z = \cos x \cosh y - i \sin x \sinh y$$
$$\sin z = \sin x \cosh y + i \cos x \sinh y$$

♦ **初等関数** ♦ 　複素数を係数とする多項式，2 つの多項式の商である有理関数，および多項式のべき根関数を有限回合成して得られる関数，すなわち $R_k(z)$ を有理関数とするとき，代数方程式 $w^n + R_1(z)w^{n-1} + R_2(z)w^{n-2} + \cdots + R_n(z) = 0$ の解として定まる z の関数 w を代数関数という．また，指数関数，3 角関数，双曲線関数およびこれらの逆関数である対数関数，逆 3 角関数，逆双曲線関数を有限回合成して得られる関数を初等超越関数という．代数関数と初等超越関数をあわせて**初等関数**と呼ぶが，関数には他に特殊関数と呼ばれるガンマ関数，ベッセル関数や楕円関数などがある．

═══════════ 練 習 問 題 2 ═══════════

[**A**]

1. 次の関数は正則になるか．
　（1）$x^2 + iy^2$　（2）$\dfrac{x-iy}{x^2+y^2}$　（3）$\operatorname{Re} z$　（4）$|z|^2$

2. 次の関数は正則になることを示し，その導関数を z で表せ．
　（1）$x^3 - 2x^2 - 3xy^2 + 2y^2 + 1 + i(3x^2y - 4xy - y^3)$
　（2）$e^{-y}(\cos x + i \sin x)$

3. 次の関数の導関数を求めよ（35 ページを参照）．
　（1）$\dfrac{z+i}{z-i}$　（2）$e^{\sin z}$　（3）$\tan z$　（4）3^{iz}

4. 次の値を求めよ．
　（1）$i^{\sqrt{3}}$　（2）$|1^{1+i}|$　（3）$\operatorname{Re}(i^{\frac{1}{\pi}})$　（4）$i^{\frac{1}{4}}$
　（5）$\log i^i$　（6）$(1+i)^{1-i}$　（7）$\cos\left(\dfrac{\pi}{4} - i\right)$
　（8）$|\sin 3i|$　（9）$\log(\sin i)$　（10）$\cosh i$

5. 次を満たす z の値を求めよ．
　（1）$|e^z| = 2$　（2）$e^{2z} = i$　（3）$\operatorname{Log} z = \pi i$　（4）$e^{z^2} = 1$

6. 次の方程式を解け．
   （1） $\cos z = 2$ （2） $\sin z = i$ （3） $\sinh z = 0$

7. 次の関数を $u+iv$ の形で表せ．
   （1） ze^{2z} （2） e^{z^2} （3） $\sinh z$

8. 次を満たす z はどんな場合か．
   （1） $|e^{-2z}| < 1$ （2） $\operatorname{Im} \sin z = 0$ （3） $\operatorname{Re} \cosh z = 0$

9. 実数 a, b, c, d に対して，$ax^3 + bx^2y + cxy^2 + dy^3$ が調和関数となるための条件を求めよ．また，この関数を実部にもつ正則関数の虚部を求めよ．

10. $u(x, y)$ が調和関数のとき，$f(z) = u_x - iu_y$ は正則関数になることを示せ．

11. 次の関数は調和関数であることを示し，これらを実部にもつ正則関数とその虚部を求めよ．

   （1） $-2xy$ （2） $x^3 - 3xy^2 - 6xy - 3x$ （3） $\dfrac{1}{2}\log(x^2 + y^2)$

   （4） $e^x(x\cos y - y\sin y)$ （5） $\cos x \sinh y$

12. $\tan z$ の基本周期は π であることを示せ．

13. $\tanh z = \dfrac{\sinh z}{\cosh z}$ で定義するとき，$\tanh z$ の導関数と基本周期を求めよ．

14. 次を証明せよ．
   （1） a が実数のとき，$|z^a| = |z|^a$
   （2） b が正数のとき，$|b^z| = b^x e^{-2n\pi y}$

15. $w = e^z$ によって，z 平面の直線 $x = a$ および半平面 $\operatorname{Re} z > 0$ は，w 平面のそれぞれどのような図形に移されるか．

16. $w = \sin z$ によって，z 平面の直線 $x = a$, $y = b$ は，w 平面のそれぞれどのような図形に移されるか．

[B]

1. $f(z) = u + iv$ が正則関数であるとき，次を示せ．

   （1） $\begin{vmatrix} u_x & v_x \\ u_y & v_y \end{vmatrix} = |f'(z)|^2$ （2） $\left(\dfrac{\partial^2}{\partial x^2} + \dfrac{\partial^2}{\partial y^2}\right)|f(z)|^2 = 4|f'(z)|^2$

   （3） $|f(z)|$ が定数ならば，$f(z)$ も定数である．

2. 領域 D で正則な関数 $f(z)$ に対して，$\overline{f(\bar z)}$ は領域 $D_1 = \{z \in \mathbf{C} \mid \bar z \in D\}$ で正則になることを示せ．

3. $f(z)$ が領域 D で正則であれば，$e^{f(z)}$ も D で正則になることを示せ．

4. コーシー–リーマンの関係式は極形式 $f(z) = u(r, \theta) + iv(r, \theta)$, $z = re^{i\theta}$ では $ru_r = v_\theta$, $rv_r = -u_\theta$ になることを示せ．

5. $u(x, y), v(x, y)$ が調和関数のとき，$\varphi = u_y - v_x$, $\psi = u_x + v_y$ とおくとき，$\varphi + i\psi$ は正則関数になることを示せ．

6. $\sum_{n=0}^{\infty} z^n = \dfrac{1}{1-z}$ を項別微分することで，べき級数 $\sum_{n=0}^{\infty} n^2 z^n$ $(|z|<1)$ の和を求めよ．

7. 次の等式を証明せよ．
 （1） $\cosh(z_1+z_2) = \cosh z_1 \cosh z_2 + \sinh z_1 \sinh z_2$
 （2） $\sinh(z_1+z_2) = \sinh z_1 \cosh z_2 + \cosh z_1 \sinh z_2$
 （3） $|\cos z|^2 = \cos^2 x + \sinh^2 y = \dfrac{1}{2}(\cos 2x + \cosh 2y)$
 （4） $|\sin z|^2 = \sin^2 x + \sinh^2 y = \dfrac{1}{2}(\cosh 2y - \cos 2x)$
 （5） $|\cosh z|^2 = \sinh^2 x + \cos^2 y$ 　（6） $|\sinh z|^2 = \sinh^2 x + \sin^2 y$

8. 次の不等式が成り立つことを証明せよ．
 （1） $|y| \leqq |\sin z| \leqq e^{|y|}$
 （2） $|\sinh y| \leqq |\cos z| \leqq \cosh y$
 （3） $0<|z|<1$ のとき，$|e^z - 1 - z| < \dfrac{3}{4}|z|$

9. 複素数 a,b,c に対して，$a^b a^c = a^{b+c}$ は成り立つか．

10. 複素数 a,b に対して，a^b の値がすべて実数になるための条件を求めよ．

3

正則関数

3.1 複素積分

◆ 曲 線 ◆ 　複素平面を xy 平面とみたとき，実変数 t の連続関数
$$x = x(t), \quad y = y(t) \quad (a \leq t \leq b)$$
の組は t をパラメータとする曲線を表すから，複素平面上の曲線 C は

$C: z = z(t) = x(t) + iy(t) \quad (a \leq t \leq b)$

で表される．$z(a), z(b)$ をそれぞれ C の**始点**，**終点**という．

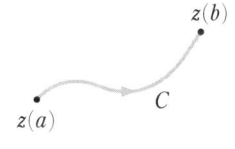

$z(a) = z(b)$ のとき C を**閉曲線**といい，$t_1 = a$, $t_2 = b$ のときを除いて，$t_1 < t_2$ に対して $z(t_1) \neq z(t_2)$ となるとき C を**単純曲線**という．すなわち，途中で交わらない曲線は単純であるという．単純である閉曲線を**単純閉曲線**または**ジョルダン閉曲線**という．

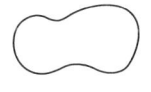

単純閉曲線　　　単純でない閉曲線

さらに，$x(t), y(t)$ が閉区間 $[a, b]$ で C^1 級，すなわち $x'(t), y'(t)$ が存在して連続であるとき，C を**滑らかな曲線**という．

単純閉曲線 C は全平面 $\mathbf{C}$ を有界な領域と有界でない領域に分ける．これを**ジョルダンの曲線定理**という．有界な部分を**内部**，有界でない部分を**外部**という．

曲線 $C: z = z(t)$ $(a \leq t \leq b)$ に対して
$$z = z(a+b-t) \quad (a \leq t \leq b)$$
は C と同じ曲線を表すが，始点は $z(b)$，終点は $z(a)$ である．この曲線を C と逆向きの曲線といい，$-C$ で表す．

点 α を始点，β を終点とする曲線を C_1，β を始点，γ を終点とする曲線を C_2 とするとき，C_1 と C_2 を連結した α から γ に至る曲線を C_1+C_2 で表す．

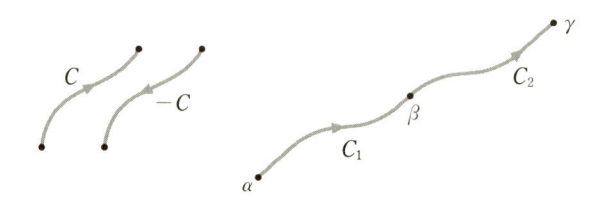

例 3.1 $C: z = z(t) = (1+2i)t$ $(0 \leq t \leq 1)$ は $x = x(t) = t$, $y = y(t) = 2t$ より t を消去すれば，線分 $y = 2x$ $(0 \leq x \leq 1)$ を表す．すなわち，C は O から $1+2i$ へと直線的に進む滑らかな曲線である． ■

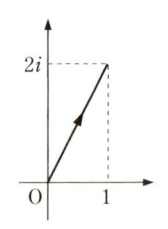

例 3.2 $C: z = re^{i\theta}$ $(0 \leq \theta \leq 2\pi)$ は，r から出発して原点 O を中心とする半径 r の（θ をパラメータとする）円周 $|z| = r$ 上を反時計まわりに回ってもとに戻る滑らかな単純閉曲線である．$-C$ は $z = re^{-i\theta}$ $(0 \leq \theta \leq 2\pi)$ で表される． ■

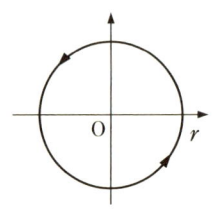

通常，単純閉曲線 C は反時計まわりに向き（これを**正の向き**ということがある）がつけられているものとする．時計まわり（逆向き）の単純閉曲線は $-C$ と書くことになる．

◆ **複素積分** ◆ $u(t), v(t)$ を実数上の有界閉区間 $[a, b]$ で定義された連続関数とするとき，$f(t) = u(t) + iv(t)$ の定積分を

$$\int_a^b f(t)\,dt = \int_a^b u(t)\,dt + i\int_a^b v(t)\,dt$$

で定義する．

次に，$C: z = z(t)$ $(a \leq t \leq b)$ を滑らかな曲線とする．複素関数 $f(z)$ が C 上で連続であるとき，$f(z(t))$ も C で連続になる．このとき，C に沿っての積分を

$$\int_C f(z)\,dz = \int_a^b f(z(t))z'(t)\,dt$$

で定義する．これを $f(z)$ の C に沿っての**複素積分**という．

$$f(z) = u(z) + iv(z), \quad z(t) = x(t) + iy(t) \quad (a \leq t \leq b)$$

とするとき

$$\begin{aligned}
\int_C f(z)\,dz &= \int_a^b f(z(t))z'(t)\,dt \\
&= \int_a^b \{u(x(t), y(t)) + iv(x(t), y(t))\}(x'(t) + iy'(t))\,dt \\
&= \int_a^b \{u(x(t), y(t))x'(t) - v(x(t), y(t))y'(t)\}\,dt \\
&\quad + i\int_a^b \{v(x(t), y(t))x'(t) + u(x(t), y(t))y'(t)\}\,dt \\
&= \int_C (u\,dx - v\,dy) + i\int_C (v\,dx + u\,dy)
\end{aligned}$$

により，複素積分は線積分で表される．よって，複素積分の値は積分路 C のパラメータのとり方によらない．

同じく，滑らかな曲線 $C: z = z(t) = x(t) + iy(t)$ $(a \leq t \leq b)$ に対して，C の弧長に関する積分を

$$\int_C f(z)\,|dz| = \int_a^b f(z(t))|z'(t)|\,dt$$

で定義する．とくに，$f(z) = 1$ のときは

$$\int_C |dz| = \int_a^b |z'(t)|\,dt = \int_a^b \sqrt{x'(t)^2 + y'(t)^2}\,dt$$

であるから，積分 $\int_C |dz|$ は曲線 C の長さを表す．

例 3.3 C を $|z| = 1$ すなわち $z = e^{i\theta}$ $(0 \leq \theta \leq 2\pi)$ とすれば，$\dfrac{dz}{d\theta} = ie^{i\theta}$

より，

$$\int_C \frac{1}{z}\,dz = \int_0^{2\pi} e^{-i\theta} ie^{i\theta}\,d\theta = \int_0^{2\pi} i\,d\theta = 2\pi i,$$

$$\int_C \frac{1}{z}\,|dz| = \int_0^{2\pi} e^{-i\theta}|ie^{i\theta}|\,d\theta = \int_0^{2\pi} e^{-i\theta}\,d\theta = \left[-\frac{1}{i}e^{-i\theta}\right]_0^{2\pi} = 0.$$

例 3.4 半径 r の円周 $C : z = re^{i\theta}\ (0 \leq \theta \leq 2\pi)$ の長さは

$$\int_C |dz| = \int_0^{2\pi}\left|\frac{dz}{d\theta}\right|d\theta = \int_0^{2\pi} |rie^{i\theta}|\,d\theta = r\int_0^{2\pi} d\theta = 2\pi r.$$

例題 3.1 次の各曲線について，$\int_C z^2\,dz$ を計算せよ．

（1） $C_1 : z = t + it \quad (0 \leq t \leq 1)$

（2） $C_2 : z = t + it^2 \quad (0 \leq t \leq 1)$

解答 （1） $\displaystyle \int_{C_1} z^2\,dz = \int_0^1 (t+it)^2(1+i)\,dt$

$$= (1+i)^3 \int_0^1 t^2\,dt = \frac{1}{3}(1+i)^3 = -\frac{2}{3} + \frac{2}{3}i.$$

（2） $\displaystyle \int_{C_2} z^2\,dz = \int_0^1 (t+it^2)^2(1+2ti)\,dt$

$$= \int_0^1 \{(t^2 - 5t^4) + i(4t^3 - 2t^5)\}\,dt$$

$$= \int_0^1 (t^2 - 5t^4)\,dt + i\int_0^1 (4t^3 - 2t^5)\,dt$$

$$= \left[\frac{t^3}{3} - t^5\right]_0^1 + i\left[t^4 - \frac{t^6}{3}\right]_0^1 = -\frac{2}{3} + \frac{2}{3}i.$$

問 3.1 （1） 1 から i に至る線分 C のパラメータ表示（の 1 つ）を求めよ．

（2） （1）の C に対して，$\int_C (x+iy^2)\,dz$ を計算せよ．

問 3.2 次の積分を計算せよ．

（1） $\displaystyle \int_C (z+2)\,dz \quad C : z = t^2 + 2ti \quad (0 \leq t \leq 1)$

（2） $\int_C z^2\,dz$　　$C: z = 2t + ti$　$(1 \leq t \leq 2)$

問 3.3　$C: |z| = 1$ に対して
$$\int_C \bar{z}\,dz,\quad \int_C (z-3)\,dz,\quad \int_C (z-2)|dz|$$
を求めよ．

◆ **複素積分の基本性質** ◆　　$f(z), g(z)$ が滑らかな曲線上で連続であれば，複素積分の定義から次の (1)〜(4) は容易に導かれる．

（1）　$\int_C af(z)\,dz = a\int_C f(z)\,dz$　$(a \in \mathbf{C})$

（2）　$\int_C (f(z) + g(z))\,dz = \int_C f(z)\,dz + \int_C g(z)\,dz$

（3）　$\int_{-C} f(z)\,dz = -\int_C f(z)\,dz$

（4）　$\int_{C_1 + C_2} f(z)\,dz = \int_{C_1} f(z)\,dz + \int_{C_2} f(z)\,dz$

（5）　$\left|\int_C f(z)\,dz\right| \leq \int_a^b |f(z(t))||z'(t)|\,dt = \int_C |f(z)||dz|$

証明　$C: z = z(t)$ $(a \leq t \leq b)$ とする．複素数 $\int_C f(z)\,dz$ $(\neq 0)$ の偏角を θ とおくとき

$$\left|\int_C f(z)\,dz\right| = e^{-i\theta}\int_C f(z)\,dz = \int_C e^{-i\theta}f(z)\,dz$$
$$= \int_a^b e^{-i\theta}f(z(t))z'(t)\,dt = \mathrm{Re}\int_a^b e^{-i\theta}f(z(t))z'(t)\,dt$$

（左辺は負でない実数である）

$$= \int_a^b \mathrm{Re}\{e^{-i\theta}f(z(t))z'(t)\}\,dt$$
$$\leq \int_a^b |e^{-i\theta}f(z(t))z'(t)|\,dt$$
$$= \int_a^b |f(z(t))||z'(t)|\,dt = \int_a^b |f(z)||dz|.$$

（6）　$f(z)$ は α を始点，β を終点とする滑らかな曲線 C を含む領域 D で

連続とする．$f(z)$ の **原始関数**，すなわち $F'(z) = f(z)$ となる正則関数 $F(z)$ が D で存在すれば

$$\int_C f(z)\, dz = F(\beta) - F(\alpha).$$

とくに，C が D 内の閉曲線であれば，$\int_C f(z)\, dz = 0$．

証明 $C : z = z(t)\, (a \leq t \leq b)$ とする．

$$\int_C f(z)\, dz = \int_a^b f(z(t))z'(t)\, dt = \int_a^b \frac{d}{dt} F(z(t))\, dt$$
$$= F(z(b)) - F(z(a)) = F(\beta) - F(\alpha). \blacksquare$$

(6) から $f(z)$ の原始関数が存在するときは

$$\int_C f(z)\, dz = F(\beta) - F(\alpha) = [F(z)]_\alpha^\beta$$

と書けるから，実変数関数の定積分と同様な積分の計算ができる．このとき，複素積分の値は途中の経路の曲線によらず始点と終点によって定まることになる．この積分 $\int_C f(z)\, dz$ を $\int_\alpha^\beta f(z)\, dz$ で表すことがある．

以後，複素積分に関連する曲線はすべて滑らかであるとする．

例 3.5 $\int_1^i (3z^2 + 1)\, dz = [z^3 + z]_1^i = i^3 + i - 2 = -2$ $\blacksquare$

例 3.6 $f(z) = z^2$ は原始関数 $\dfrac{1}{3} z^3$ をもつから，0 から $1+i$ に至る曲線 C に対して

$$\int_C z^2\, dz = \int_0^{1+i} z^2\, dz = \left[\frac{1}{3} z^3\right]_0^{1+i} = \frac{1}{3}(1+i)^3 = -\frac{2}{3} + \frac{2}{3}i.$$

よって，例題 3.1 の 2 つの積分の値はともに $-\dfrac{2}{3} + \dfrac{2}{3}i$ になって当然である． $\blacksquare$

例題 3.2 右図のような 3 つの曲線それぞれについて
$$\int_C (x+y+ixy)\,dz$$
を計算せよ．

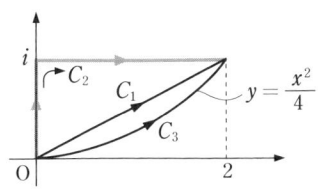

解答 C_1: $z = (2+i)t = 2t+it$ $(0 \leq t \leq 1)$ のとき
$$\int_{C_1} (x+y+ixy)\,dz = \int_0^1 (3t+2t^2 i)(2+i)\,dt$$
$$= (2+i)\int_0^1 (3t+2t^2 i)\,dt$$
$$= (2+i)\left[\frac{3}{2}t^2 + \frac{2}{3}t^3 i\right]_0^1 = \frac{7}{3} + \frac{17}{6}i.$$

C_2: $z = \begin{cases} ti & (0 \leq t \leq 1) \\ t-1+i & (1 \leq t \leq 3) \end{cases}$ のとき

$$\int_{C_2} (x+y+ixy)\,dz = \int_0^1 ti\,dt + \int_1^3 \{t+(t-1)i\}\,dt$$
$$= i\left[\frac{t^2}{2}\right]_0^1 + \left[\frac{t^2}{2}\right]_1^3 + i\left[\frac{t^2}{2}-t\right]_1^3 = 4 + \frac{5}{2}i.$$

C_3: $z = 2t+t^2 i$ $(0 \leq t \leq 1)$ のとき
$$\int_{C_3} (x+y+ixy)\,dz = \int_0^1 (2t+t^2+2t^3 i)(2+2ti)\,dt$$
$$= \int_0^1 (4t+2t^2-4t^4)\,dt + i\int_0^1 (4t^2+6t^3)\,dt$$
$$= \left[2t^2+\frac{2}{3}t^3-\frac{4}{5}t^5\right]_0^1 + i\left[\frac{4}{3}t^3+\frac{3}{2}t^4\right]_0^1 = \frac{28}{15} + \frac{17}{6}i. \blacksquare$$

問 3.4 例題 3.2 と同じ 3 つの曲線のそれぞれについて
$$\int_C \bar{z}\,dz$$
を計算せよ．

問 3.5 0 から $1+i$ に至る直線 C に沿っての次の積分を求めよ．

(1) $\int_C \cos z\,dz$ (2) $\int_C (3z^2+2z-i)\,dz$ (3) $\int_C z e^{z^2}\,dz$

例題 3.3 整数 n に対して

$$\int_C (z-a)^n \, dz, \quad C: |z-a| = r$$

の値を求めよ．

解答 $C: z = a + re^{i\theta}$ $(0 \leq \theta \leq 2\pi)$ として

$$\int_C (z-a)^n \, dz = \int_0^{2\pi} (re^{i\theta})^n r i e^{i\theta} \, d\theta = ir^{n+1} \int_0^{2\pi} e^{i(n+1)\theta} \, d\theta.$$

$n \neq -1$ のとき

$$\int_0^{2\pi} e^{i(n+1)\theta} \, d\theta = \frac{-i}{n+1} \left[e^{i(n+1)\theta} \right]_0^{2\pi} = 0,$$

$n = -1$ のとき

$$\int_0^{2\pi} e^{i(n+1)\theta} \, d\theta = \int_0^{2\pi} d\theta = 2\pi.$$

したがって

$$\int_C (z-a)^n \, dz = \begin{cases} 0 & (n \neq -1) \\ 2\pi i & (n = -1). \end{cases}$$

積分の値はいずれも円 C の中心と半径によらない． ∎

問 3.6 $C: |z| = r$ のとき，次の積分の値を求めよ．

(1) $\int_{-C} \dfrac{z+1}{z} \, dz$ (C は負の向き) (2) $\int_C |z| \, dz$ (3) $\int_C \mathrm{Re}\, z \, dz$

問 3.7 C を右図のような正方形の周とするとき，次の積分を計算せよ．

(1) $\int_C z \, dz$ (2) $\int_C \mathrm{Re}\, z \, dz$

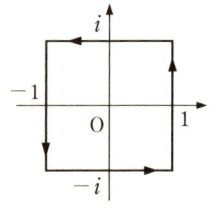

(3) $\int_C |z| \, dz$ (4) $\int_C \dfrac{dz}{z}$

関数列や関数項級数の積分については，曲線 C 上で $f_n(z)$ が連続のとき，$\{f_n(z)\}$ が C 上で $f(z)$ に一様収束すれば

$$\lim_{n \to \infty} \int_C f_n(z) \, dz = \int_C \lim_{n \to \infty} f_n(z) \, dz = \int_C f(z) \, dz,$$

$\sum_{n=1}^{\infty} f_n(z)$ が C 上で一様収束すれば

$$\sum_{n=1}^{\infty} \int_C f_n(z)\, dz = \int_C \left(\sum_{n=1}^{\infty} f_n(z) \right) dz \quad (項別積分)$$

が成り立つ．とくに，べき級数は収束円内の 2 点を結ぶ曲線 C がこの収束円の内部にあるとき項別積分可能である．

例 3.7 無限等比級数 $\sum_{n=0}^{\infty} (-1)^n z^n$ の収束半径は 1 であるから，$|z| < 1$ において $\sum_{n=0}^{\infty} (-1)^n z^n = \sum_{n=0}^{\infty} (-z)^n = \dfrac{1}{1+z}$．項別積分すれば，$|z| < 1$ で

$$\sum_{n=0}^{\infty} (-1)^n \frac{z^{n+1}}{n+1} = \sum_{n=1}^{\infty} \frac{(-1)^{n-1}}{n} z^n = \int_0^z \frac{d\zeta}{1+\zeta},$$

すなわち

$$\mathrm{Log}\,(1+z) = z - \frac{z^2}{2} + \frac{z^3}{3} - \frac{z^4}{4} + \cdots \quad (|z| < 1).$$

3.2 コーシーの積分定理

◆ **コーシーの積分定理** ◆　領域 D 内のどんな単純閉曲線 C に対しても，C の内部が D の点ばかりからなるとき，領域 D は**単連結**であるという．

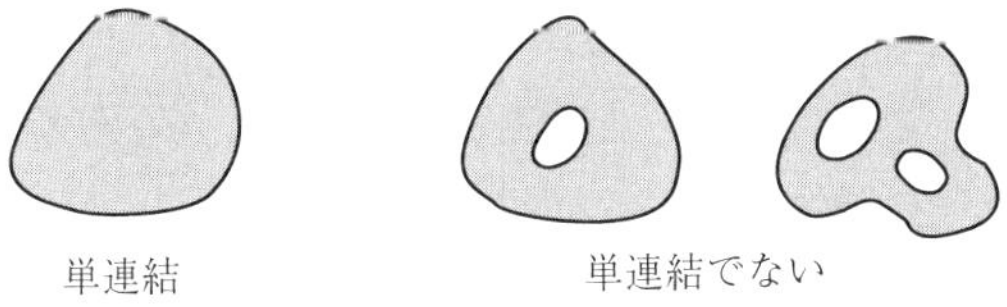

単連結　　　　　　単連結でない

3.1 節の複素積分の基本性質 (6) から，$f(z)$ が領域 D で連続であって原始関数をもつならば，D 内の閉曲線 C に対して

$$\int_C f(z)\, dz = 0$$

が成り立つ．ところが，実は $f(z)$ が正則であるという条件だけから原始関数の存在がいえる．このことを保証するのが複素関数の理論で最も重要で華麗なコーシーの積分定理である．

定理 3.1（コーシーの積分定理）

$f(z)$ が単連結領域 D で正則であるとき，D 内の任意の単純閉曲線 C に対して

$$\int_C f(z)\,dz = 0$$

が成り立つ．

証明 微分積分学において線積分と 2 重積分との間の密接な関係を示すグリーン（Green）の定理はよく知られている．すなわち，

xy 平面上で単純閉曲線 C で囲まれた領域を E とする．2 つの 2 変数関数 $P(x,y), Q(x,y)$ が C 上と E の内部で C^1 級であれば

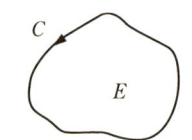

$$\int_C (P\,dx + Q\,dy) = \iint_E \left(\frac{\partial Q}{\partial x} - \frac{\partial P}{\partial y} \right) dx\,dy.$$

3.1 節で導いた複素積分が線積分で表されるという式にこのグリーンの定理を適用すれば

$$\int_C f(z)\,dz = \int_C (u\,dx - v\,dy) + i \int_C (v\,dx + u\,dy)$$
$$= \iint_E (-v_x - u_y)\,dx\,dy + i \iint_E (u_x - v_y)\,dx\,dy.$$

$f(z)$ は正則であるから，コーシー-リーマンの関係式

$$u_x = v_y, \quad u_y = -v_x$$

によりこの値は 0 になる． ∎

注意 グリーンの定理には $u(x,y), v(x,y)$ の導関数の連続性すなわち $f'(z)$ が連続という仮定が必要であるが，コーシーの定理には $f'(z)$ の連続性は仮定されていない．この仮定を用いないで定理を証明することは少しめんどうで，また記述もそうとう長くなる．ここでは，$f'(z)$ が連続であるという仮定をつけ加えた証明を与えたことになる．実は，後で示されるように（60 ページ），$f(z)$ が正則であれば何回でも微分可能になり，その結果 $f'(z)$ は連続になる．

コーシーの定理は表現を変えると次のように述べることができる：

単純閉曲線 C で囲まれた領域を D とする．$f(z)$ が D および C 上で正

則であれば
$$\int_C f(z)\,dz = 0$$
が成り立つ.

C 上の点で正則ということは，その点の適当な近傍で $f(z)$ が微分可能ということであるから，D と C 上の各点の近傍をあわせた領域がコーシーの定理の単連結領域 D にあたる．

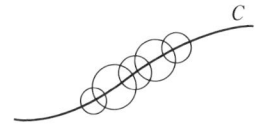

領域が単連結でない場合でも，単純閉曲線 C およびこの内部を含む領域 D で $f(z)$ が正則であれば
$$\int_C f(z)\,dz = 0.$$

例 3.8 $C : |z| = 2$ とする．$\dfrac{1}{z-3}$ は C 上および C の内部で正則であるから，コーシーの定理により $\int_C \dfrac{dz}{z-3} = 0$．$\dfrac{1}{z}$ は C の内部の点 $z = 0$ で正則でないから，$\int_C \dfrac{dz}{z}$ にはコーシーの定理は使えない．この場合は例題 3.3 より，積分の値は $2\pi i$ である．

問 3.8 次の積分の値を求めよ．
（1）$\int_C \dfrac{dz}{z-2}$　$C : |z+1| = 1$　　（2）$\int_{-C} \dfrac{dz}{z-2}$　$C : |z| = 3$

定理 3.2

D をすべて正の向きがつけられた互いに交わらない単純閉曲線 $C_0, C_1, C_2, \cdots, C_n$ で囲まれる領域として，図のように $C_1, C_2, \cdots, C_n$ は C_0 の内部に含まれて互いに外部にあるものとする．このとき，$f(z)$ が D とその境界をあわせた範囲で正則であれば

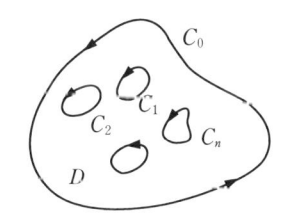

$$\int_{C_0} f(z)\, dz = \int_{C_1} f(z)\, dz + \int_{C_2} f(z)\, dz + \cdots + \int_{C_n} f(z)\, dz$$

が成り立つ．とくに，$n=1$ の場合は環状領域において

$$\int_{C_0} f(z)\, dz = \int_{C_1} f(z)\, dz.$$

$n=1$ のときは，右図のように $D = D_1 \cup D_2$ と分ける．D_1, D_2 の境界部分の積分を図のような向きでそれぞれ4つの曲線に分割してコーシーの定理を適用すれば容易に示される．$n \geqq 2$ の場合も同様にして証明される．

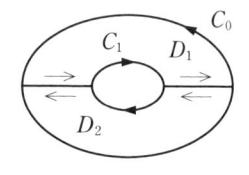

例 3.9 $C: |z|=2$, $C_1: |z-1|=1$ のとき，$\dfrac{1}{z-1}$ は C の内部から C_1 とその内部を除いた環状領域で正則であるから

$$\int_C \frac{dz}{z-1} = \int_{C_1} \frac{dz}{z-1} = 2\pi i. \qquad \blacksquare$$

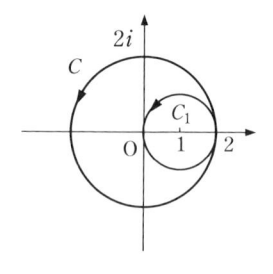

例題 3.4 C を次の曲線とするとき，$\displaystyle\int_C \frac{dz}{z^2+1}$ を求めよ．

$$C_0: |z|=3, \quad C_1: |z-i|=1, \quad C_2: |z+i|=1$$

解答
$$\frac{1}{z^2+1} = \frac{1}{(z-i)(z+i)} = \frac{1}{2i}\left(\frac{1}{z-i} - \frac{1}{z+i}\right).$$

C_1 の内部および C_1 上で $\dfrac{1}{z+i}$ は正則であるから，コーシーの定理と例題 3.3 から

$$\int_{C_1} \frac{dz}{z^2+1} = \frac{1}{2i}\left(\int_{C_1} \frac{dz}{z-i} - \int_{C_1} \frac{dz}{z+i}\right)$$
$$= \frac{1}{2i}(2\pi i - 0) = \pi.$$

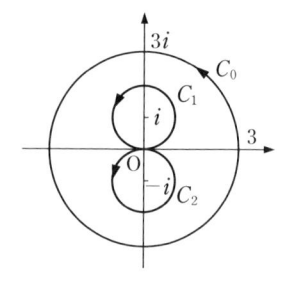

C_2 の内部および C_2 上で $\dfrac{1}{z-i}$ は正則であるから，同様に

$$\int_{C_2}\frac{dz}{z^2+1} = \frac{1}{2i}\left(\int_{C_2}\frac{dz}{z-i}-\int_{C_2}\frac{dz}{z+i}\right) = \frac{1}{2i}(0-2\pi i) = -\pi.$$

したがって，定理 3.2 から

$$\int_{C_0}\frac{dz}{z^2+1} = \int_{C_1}\frac{dz}{z^2+1}+\int_{C_2}\frac{dz}{z^2+1} = \pi+(-\pi) = 0. \qquad\blacksquare$$

問 3.9 単純閉曲線 C が次の場合，$\displaystyle\int_C \frac{dz}{z^2-z}$ を求めよ．

（1） C は内部に原点を含むが 1 は含まない．
（2） C は内部に原点と 1 の両方を含む．

問 3.10 積分 $\displaystyle\int_C \frac{z}{z^2+1}\,dz,\ C:|z|=2$ の値を求めよ．

◆ **定積分の計算** ◆ 実変数関数の定積分の中には，その値を求めることが容易でないものでも，複素積分を利用すれば比較的容易に求められるものがある．次の例題では微分積分学でよく知られた広義積分 $\displaystyle\int_0^\infty e^{-x^2}\,dx = \dfrac{\sqrt{\pi}}{2}$ を用いる．

例題 3.5 $\displaystyle\int_0^\infty \sin x^2\,dx = \int_0^\infty \cos x^2\,dx = \frac{1}{2}\sqrt{\frac{\pi}{2}}$ を示せ．

解答 下図のような八分円（扇形）を $C = C_1+C_2+C_3$ とする．整関数 $f(z) = e^{-z^2}$ を C に沿って積分する．コーシーの定理により

$$\begin{aligned}
0 &= \int_{C_1+C_2+C_3} e^{-z^2}dz \\
&= \int_{C_1} e^{-z^2}dz + \int_{C_2} e^{-z^2}dz + \int_{C_3} e^{-z^2}dz
\end{aligned}$$

$C_1: z = x\ (0 \leq x \leq r)$

$C_2: z = re^{i\theta}\ \left(0 \leq \theta \leq \dfrac{\pi}{4}\right)$

$-C_3: z = te^{\frac{\pi}{4}i}\ (0 \leq t \leq r)$

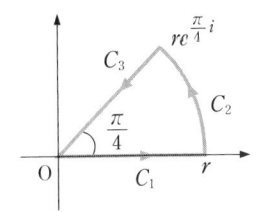

であるから

$$\int_{C_1} e^{-z^2} dz = \int_0^r e^{-x^2} dx \to \int_0^\infty e^{-x^2} dx = \frac{\sqrt{\pi}}{2} \quad (r \to \infty),$$

$$\left| \int_{C_2} e^{-z^2} dz \right| = \left| \int_0^{\frac{\pi}{4}} e^{-r^2 e^{2i\theta}} i r e^{i\theta} d\theta \right| \leq r \int_0^{\frac{\pi}{4}} |e^{-r^2 e^{2i\theta}}| d\theta$$

$$= r \int_0^{\frac{\pi}{4}} |e^{-r^2 \cos 2\theta} e^{-ir^2 \sin 2\theta}| d\theta = r \int_0^{\frac{\pi}{4}} e^{-r^2 \cos 2\theta} d\theta$$

$\theta = \dfrac{1}{2}\left(\dfrac{\pi}{2} - \varphi\right)$ と変数変換して

$$= \frac{r}{2} \int_0^{\frac{\pi}{2}} e^{-r^2 \sin \varphi} d\varphi \leq \frac{r}{2} \int_0^{\frac{\pi}{2}} e^{-r^2 \frac{2}{\pi} \varphi} d\varphi$$

$$= \frac{r}{2} \left[-\frac{\pi}{2r^2} e^{-\frac{2}{\pi} r^2 \varphi} \right]_0^{\frac{\pi}{2}}$$

$$= \frac{\pi}{4r} (1 - e^{-r^2}) \to 0 \quad (r \to \infty).$$

$$\int_{C_3} e^{-z^2} dz = \int_r^0 e^{-t^2 e^{\frac{\pi}{2} i}} e^{\frac{\pi}{4} i} dt = -e^{\frac{\pi}{4} i} \int_0^r e^{-it^2} dt$$

$$\to -\frac{1+i}{\sqrt{2}} \int_0^\infty (\cos t^2 - i \sin t^2) dt \quad (r \to \infty).$$

したがって

$$0 = \lim_{r \to \infty} \int_{C_1 + C_2 + C_3} e^{-z^2} dz = \frac{\sqrt{\pi}}{2} - \frac{1+i}{\sqrt{2}} \int_0^\infty (\cos t^2 - i \sin t^2) dt$$

となり

$$\int_0^\infty (\cos t^2 - i \sin t^2) dt = \int_0^\infty \cos t^2 dt - i \int_0^\infty \sin t^2 dt = \frac{\sqrt{\pi}}{2} \left(\frac{1+i}{\sqrt{2}} \right)^{-1}$$

$$= \frac{1}{2} \sqrt{\frac{\pi}{2}} (1 - i).$$

これより

$$\int_0^\infty \cos t^2 dt = \int_0^\infty \sin t^2 dt = \frac{1}{2} \sqrt{\frac{\pi}{2}}.$$

注意 この定積分はフレネル(Fresnel)積分といわれる.第2の複素積分を評価する途中で,右図からわかる不等式 $\sin x \geqq \dfrac{2}{\pi} x \left(0 \leqq x \leqq \dfrac{\pi}{2}\right)$ が使われている.

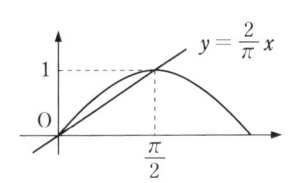

問 3.11 右図のような半円 $C = C_1 + C_2$ に沿っての積分 $\int_C \dfrac{dz}{z^2+1}$ を計算することにより $\int_{-\infty}^{\infty} \dfrac{dx}{x^2+1} = \pi$ を示せ.

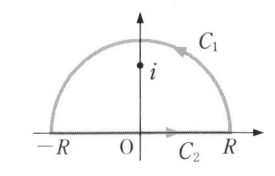

問 3.12 右図の閉曲線 C に沿っての積分
$$\int_C \frac{e^{iz}}{z} dz \; \text{を}$$
$$\int_C = \int_{C_1} + \int_{-R}^{-r} + \int_{C_2} + \int_r^R = I_1 + I_2 + I_3 + I_4$$
の4つの部分に分ける.このとき,次の(1)〜(3)を示すことにより
$$\int_0^{\infty} \frac{\sin x}{x} dx = \frac{\pi}{2}$$ 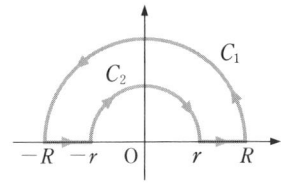
が成り立つことを確かめよ.
 (1) 例題 3.5 の注意にある不等式を用いることにより
$$\lim_{R \to \infty} |I_1| = 0$$
 (2) $\displaystyle\lim_{r \to 0, R \to \infty} (I_2 + I_4) = 2i \int_0^{\infty} \frac{\sin x}{x} dx$
 (3) $\displaystyle\lim_{r \to 0} I_3 = -i\pi$

3.3 コーシーの積分公式

◆ **コーシーの積分公式** ◆　コーシーの積分定理から,複素関数の理論で最も基本的な積分公式が導き出される.

―― **定理 3.3**(コーシーの積分公式)――――

$f(z)$ は領域 D で正則ならば,D の任意の点 a における値 $f(a)$ はこの点 a を内部に含む D 内の単純閉曲線 C に沿っての積分で与えられる:

$$f(a) = \frac{1}{2\pi i} \int_C \frac{f(z)}{z-a} dz.$$

証明 円 $C_r : |z-a| = r$ が C の内部に含まれるように r をとる．$\dfrac{f(z)}{z-a}$ は C と C_r で囲まれた環状領域とその境界をあわせたところで正則であるから，定理 3.2 より

$$\int_C \frac{f(z)}{z-a} dz = \int_{C_r} \frac{f(z)}{z-a} dz$$
$$= \int_{C_r} \frac{f(z)-f(a)}{z-a} dz + \int_{C_r} \frac{f(a)}{z-a} dz.$$

$f(z)$ は連続であるから，$|z-a| = r$ を小さくすれば，任意に小さい $\varepsilon > 0$ に対して $|f(z)-f(a)| < \varepsilon$ とできる．よって，$z = a + re^{i\theta}$ $(0 \leqq \theta \leqq 2\pi)$ として

$$\left| \int_{C_r} \frac{f(z)-f(a)}{z-a} dz \right| = \left| \int_0^{2\pi} \frac{f(z)-f(a)}{re^{i\theta}} ire^{i\theta} d\theta \right|$$
$$\leqq \int_0^{2\pi} |f(z)-f(a)| d\theta < 2\pi\varepsilon,$$

すなわち

$$\int_{C_r} \frac{f(z)-f(a)}{z-a} dz \to 0 \quad (r \to 0).$$

よって

$$\int_C \frac{f(z)}{z-a} dz = \int_{C_r} \frac{f(a)}{z-a} dz = f(a) \int_{C_r} \frac{dz}{z-a} = 2\pi i f(a). \quad \blacksquare$$

この定理での C として D に含まれる円周 $|z-a| = R$ をとる．このとき，$z = a + Re^{i\theta}$ とすれば

$$f(a) = \frac{1}{2\pi i} \int_C \frac{f(z)}{z-a} dz = \frac{1}{2\pi i} \int_0^{2\pi} \frac{f(a+Re^{i\theta})}{Re^{i\theta}} iRe^{i\theta} d\theta$$
$$= \frac{1}{2\pi} \int_0^{2\pi} f(a+Re^{i\theta}) d\theta$$

3.3 コーシーの積分公式　59

と変形される．これは，領域 D の点 a での正則関数の値 $f(a)$ は，a を中心とする円周上での値の平均に等しくなることを表している．

例 3.10　$f(z) = \cos z$, $C: |z| = 1$ のとき，$z = 0$ は C の内部にあるから

$$\frac{1}{2\pi i} \int_C \frac{\cos z}{z} \, dz = f(0) = \cos 0 = 1 \quad \text{より} \quad \int_C \frac{\cos z}{z} \, dz = 2\pi i.$$

例題 3.6　$C: |z| = \dfrac{1}{2}$ のとき，$\displaystyle\int_C \frac{z^3+1}{z^2-iz} \, dz$ の値を求めよ．

解答　$f(z) = \dfrac{z^3+1}{z-i}$ は C の内部で正則であり，$z = 0$ は C の内部にあるから，コーシーの積分公式から

$$\frac{1}{2\pi i} \int_C \frac{f(z)}{z} \, dz = f(0) = -\frac{1}{i} = i.$$

よって

$$\int_C \frac{z^3+1}{z^2-iz} \, dz = \int_C \frac{f(z)}{z} \, dz = -2\pi.$$

問 3.13　次の積分の値を求めよ．

（1）$\displaystyle\int_C \frac{e^{iz}}{z} \, dz$　$C: |z| = 1$　　（2）$\displaystyle\int_C \frac{e^z}{z-2} \, dz$　$C: |z-1| = 2$

次に，コーシーの積分公式を用いて $z = a$ における導関数の値を調べる．

$$f'(a) = \lim_{h \to 0} \frac{f(a+h)-f(a)}{h} = \frac{1}{2\pi i} \lim_{h \to 0} \frac{1}{h} \int_C \left(\frac{f(z)}{z-(a+h)} - \frac{f(z)}{z-a} \right) dz$$

$$= \frac{1}{2\pi i} \lim_{h \to 0} \int_C \frac{f(z)}{(z-a-h)(z-a)} \, dz = \frac{1}{2\pi i} \int_C \frac{f(z)}{(z-a)^2} \, dz.$$

同様にして

$$f''(a) = \frac{2!}{2\pi i} \int_C \frac{f(z)}{(z-a)^3} \, dz, \quad f^{(3)}(a) = \frac{3!}{2\pi i} \int_C \frac{f(z)}{(z-a)^4} \, dz$$

などが得られる．そこで，次を示すことができる．

定理 3.4

$f(z)$ が領域 D で正則ならば，$f(z)$ は何回でも微分可能となり，D 内の任意の点 a における n 次導関数の値 $f^{(n)}(a)$ はこの点 a を囲む D 内の単純閉曲線 C に沿っての積分で与えられる：

$$f^{(n)}(a) = \frac{n!}{2\pi i} \int_C \frac{f(z)}{(z-a)^{n+1}} dz \quad (n = 0, 1, 2, \cdots).$$

領域 D 内の点 a における値 $f(a), f'(a), \cdots$ が a を囲む閉曲線 C 上の値だけで決まるという一見して奇妙な定理である．また，1 回微分できれば何回でも微分可能になるという強力な結果であって，実変数関数とはまったく異なっている．

問 3.14 上の記述で極限値 $\lim_{h \to 0} \int_C \dfrac{f(z)}{(z-a-h)(z-a)} dz$ が存在することを示す必要がある．これを考えよ．

例題 3.7 $C: |z| = 2$ に対して，$\int_C \dfrac{e^z + 2z^3 + 1}{(z-1)^4} dz$ の値を求めよ．

解答 $f(z) = e^z + 2z^3 + 1$ は全平面で正則であるから，定理 3.4 で $n = 3$ として

$$f^{(3)}(1) = \frac{3!}{2\pi i} \int_C \frac{e^z + 2z^3 + 1}{(z-1)^4} dz.$$

$f'(z) = e^z + 6z^2$, $f''(z) = e^z + 12z$, $f^{(3)}(z) = e^z + 12$ であるから，$f^{(3)}(1) = e + 12$.

よって，求める積分の値は $\dfrac{\pi i}{3}(e + 12)$．

問 3.15 次の積分の値を求めよ．

（1）$\int_C \dfrac{e^{2z}}{z^2} dz \quad C: |z| = 1$ （2）$\int_C \dfrac{e^z}{(z+1)^4} dz \quad C: |z+1| = 1$

（3）$\displaystyle\int_C \frac{\sin\frac{\pi}{2}z}{(z-1)^3}\,dz \quad C:|z|=2$

問 3.16 $f(z)$ が $|z-a|\leqq r$ で正則で，$|z-a|=r$ 上で $|f(z)|\leqq M$ であれば
$$|f^{(n)}(a)|\leqq \frac{n!\,M}{r^n}$$
が成り立つことを示せ．（**コーシーの不等式**という）

♦ **コーシーの定理の逆** ♦　　$f(z)$ が単連結領域 D で連続であるとする．3.1 節の複素積分の基本性質 (6) によれば，$f(z)$ が原始関数をもつとき D 内の閉曲線 C に対して，$\displaystyle\int_C f(z)\,dz=0$ が成り立つ．これの逆にあたることがいえることを示そう．

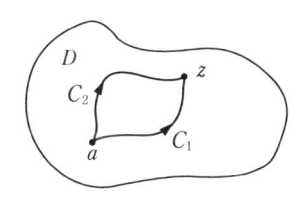

いま，D 内の任意の閉曲線 C に対して $\displaystyle\int_C f(z)\,dz=0$ とする．D の点 a をとって固定する．a と D の任意の点 $z\,(\neq a)$ を結ぶ曲線 K の選び方によらず $\displaystyle\int_K f(\zeta)\,d\zeta$ は一定である．

実際，a と z を結ぶ 2 つの曲線 C_1,C_2 をとれば，仮定から
$$0=\int_{C_1+(-C_2)}f(\zeta)\,d\zeta=\int_{C_1}f(\zeta)\,d\zeta+\int_{-C_2}f(\zeta)\,d\zeta$$
$$=\int_{C_1}f(\zeta)\,d\zeta-\int_{C_2}f(\zeta)\,d\zeta$$
すなわち，$\displaystyle\int_{C_1}f(\zeta)\,d\zeta=\int_{C_2}f(\zeta)\,d\zeta$ となるからである．

そこで，z の関数 $F(z)=\displaystyle\int_K f(\zeta)\,d\zeta=\int_a^z f(\zeta)\,d\zeta$ が微分可能で，$F(z)$ は $f(z)$ の原始関数になることを示す．
$$\frac{F(z+h)-F(z)}{h}-f(z)=\frac{1}{h}\left(\int_a^{z+h}f(\zeta)\,d\zeta-\int_a^z f(\zeta)\,d\zeta\right)-f(z)$$
$$=\frac{1}{h}\int_z^{z+h}f(\zeta)\,d\zeta-f(z).$$

z から $z+h$ に至る経路を直線 $\zeta=z+th\,(0\leqq t\leqq 1)$ にとれば，$f(z)$ の連続

性よりこの値は

$$\frac{1}{h}\int_0^1 f(z+ht)h\,dt - \int_0^1 f(z)\,dt = \int_0^1 \{f(z+ht) - f(z)\}\,dt \to 0 \quad (h \to 0).$$

よって，$F(z)$ は微分可能であって $F'(z) = f(z)$ が成り立つ．

このことから，$F(z)$ は D で正則となり何回でも微分可能である．とくに，$F''(z) = f'(z)$ が成り立ち $f(z)$ は正則である．

次の定理が示された：

定理 3.5（モレラ（Morera））

$f(z)$ は領域 D で連続であるとする．D 内の任意の閉曲線 C に対して $\int_C f(z)\,dz = 0$ であれば，$f(z)$ は D で正則である．

さらに，コーシーの定理および 3.1 節に述べたことをあわせると次の定理が成り立つことがわかる．

定理 3.6

単連結領域 D で $f(z)$ が連続であれば，次は同値である：

（1） $f(z)$ は D で正則である．

（2） D 内の任意の閉曲線 C に対して，$\int_C f(z)\,dz = 0$．

（3） $f(z)$ は D で原始関数をもつ．

3.4 正則関数の性質

◆ **テイラー展開** ◆ 正則関数を具体的に表示する方法はいくつか知られているが，そのうち最も基本的で重要なものはべき級数表示（テイラー展開）である．複素関数の場合のテイラー展開は，実変数の場合と違って，剰余項表示は現れなく，すっきりした無限級数で表示される．

$f(z)$ は領域 D で正則として，D 内の点 a を中心として D 内に含まれる半径 r の円を C とする．

C 内の点 z をとれば，コーシーの積分公式から

$$f(z) = \frac{1}{2\pi i}\int_C \frac{f(\zeta)}{\zeta - z}\,d\zeta.$$

$|z-a| < |\zeta-a|$ すなわち $\left|\dfrac{z-a}{\zeta-a}\right| < 1$ であるから

$$\frac{1}{\zeta - z} = \frac{1}{(\zeta-a)-(z-a)} = \frac{1}{\zeta-a}\frac{1}{1-\dfrac{z-a}{\zeta-a}}$$

$$= \frac{1}{\zeta-a}\sum_{n=0}^{\infty}\left(\frac{z-a}{\zeta-a}\right)^n.$$

よって，定理 3.4 を適用すれば

$$f(z) = \frac{1}{2\pi i}\int_C f(\zeta)\sum_{n=0}^{\infty}\frac{(z-a)^n}{(\zeta-a)^{n+1}}\,d\zeta$$

$$= \sum_{n=0}^{\infty}\left(\frac{1}{2\pi i}\int_C \frac{f(\zeta)}{(\zeta-a)^{n+1}}\,d\zeta\right)(z-a)^n$$

$$= \sum_{n=0}^{\infty}\frac{f^{(n)}(a)}{n!}(z-a)^n.$$

この変形で項別積分が可能なこと $\left(\sum \text{と}\int \text{が交換できること}\right)$ は次のようにしてわかる．

C 上で $|f(z)| \leqq M$ とする．$\left|\dfrac{z-a}{\zeta-a}\right| < k < 1$ となる k をとれば

$$\left|f(\zeta)\frac{(z-a)^n}{(\zeta-a)^{n+1}}\right| \leqq \frac{M}{r}k^n$$

が成り立つ．そこで $\sum\limits_{n=0}^{\infty} k^n$ は収束するから，定理 1.5 により

$\sum\limits_{n=0}^{\infty} f(\zeta)\dfrac{(z-a)^n}{(\zeta-a)^{n+1}}$ が C 上で一様収束する．

以上から，次の定理が得られる．

定理 3.6 (テイラー (Taylor))

$f(z)$ が領域 D で正則であれば，D の任意の点 a を中心とする D に含まれる円の内部で次の形のべき級数にただ 1 通りに展開される．

$$f(z) = f(a) + f'(a)(z-a) + \frac{f''(a)}{2!}(z-a)^2 + \cdots + \frac{f^{(n)}(a)}{n!}(z-a)^n + \cdots$$

このべき級数展開を実変数関数と同様に，$z = a$ における $f(z)$ の**テイラー展開**という．とくに，$a = 0$ のとき

$$f(z) = f(0) + f'(0)z + \frac{f''(0)}{2!}z^2 + \cdots + \frac{f^{(n)}(0)}{n!}z^n + \cdots$$

を**マクローリン（Maclaurin）展開**ともいう．第2章2.2節で初等関数の定義に用いたべき級数はマクローリン展開そのものである．

例 3.11　$e^z = 1 + z + \dfrac{z^2}{2!} + \dfrac{z^3}{3!} + \cdots,$

$\sin z = z - \dfrac{z^3}{3!} + \dfrac{z^5}{5!} - \cdots,$

$\cos z = 1 - \dfrac{z^2}{2!} + \dfrac{z^4}{4!} - \cdots$

はいずれもマクローリン展開である． ∎

例 3.12　e^z の $z = 2$ におけるテイラー展開は

$$e^z = e^2 e^{z-2} = e^2 \Bigl(1 + (z-2) + \frac{(z-2)^2}{2!} + \frac{(z-2)^3}{3!} + \cdots\Bigr)$$

$$= \sum_{n=0}^{\infty} \frac{e^2}{n!}(z-2)^n.$$
∎

例題 3.8　$f(z) = \dfrac{z+1}{(z-1)(z-2)}$ の原点におけるテイラー展開を求めよ．

解答　$f(z) = \dfrac{z+1}{(z-1)(z-2)} = \dfrac{3}{z-2} - \dfrac{2}{z-1} = \dfrac{2}{1-z} - \dfrac{3}{2}\dfrac{1}{1-\dfrac{z}{2}}.$

$|z| < 1$ のとき

$$\frac{1}{1-z} = 1+z+z^2+z^3+\cdots.$$

$\left|\dfrac{z}{2}\right| < 1$ すなわち $|z| < 2$ のとき

$$\frac{1}{1-\dfrac{z}{2}} = 1+\frac{z}{2}+\left(\frac{z}{2}\right)^2+\left(\frac{z}{2}\right)^3+\cdots$$

となるから，$|z| < 1$ において

$$f(z) = 2(1+z+z^2+z^3+\cdots) - \frac{3}{2}\left(1+\frac{z}{2}+\left(\frac{z}{2}\right)^2+\left(\frac{z}{2}\right)^3+\cdots\right)$$

$$= \left(2-\frac{3}{2}\right)+\left(2-\frac{3}{2^2}\right)z+\left(2-\frac{3}{2^3}\right)z^2+\cdots = \sum_{n=0}^{\infty}\left(2-\frac{3}{2^{n+1}}\right)z^n.$$

別解 $f(z) = \dfrac{-2}{z-1}+\dfrac{3}{z-2}, \quad f(0) = 2-\dfrac{3}{2},$

$$f'(z) = \frac{2}{(z-1)^2}-\frac{3}{(z-2)^2}, \quad f'(0) = 2-\frac{3}{2^2},$$

$$f''(z) = (-2)\left(\frac{2}{(z-1)^3}-\frac{3}{(z-2)^3}\right), \quad \frac{f''(0)}{2!} = 2-\frac{3}{2^3},$$

$$f^{(n)}(z) = (-1)^{n+1}n!\left(\frac{2}{(z-1)^{n+1}}-\frac{3}{(z-2)^{n+1}}\right).$$

よって，$\dfrac{f^{(n)}(0)}{n!} = 2-\dfrac{3}{2^{n+1}}$ となり

$$f(z) = \sum_{n=0}^{\infty}\left(2-\frac{3}{2^{n+1}}\right)z^n.$$

例題 3.9 $f(z) = \mathrm{Log}\,(z+1)$ の $z=0$ におけるべき級数展開を求めよ．

解答 $f(0) = 0, \ f'(z) = (z+1)^{-1}, \ f''(z) = -(z+1)^{-2}, \ \cdots,$

$$f^{(n)}(z) = (-1)^{n-1}(n-1)!\,(z+1)^{-n}.$$

よって

$$\frac{f^{(n)}(0)}{n!} = (-1)^{n-1}\frac{1}{n} \quad (n \geq 1)$$

したがって

$$\mathrm{Log}\,(1+z) = z - \frac{z^2}{2} + \frac{z^3}{3} - \cdots + (-1)^{n-1}\frac{z^n}{n} + \cdots \quad (51\,\text{ページ参照}).$$ ■

問 3.17 次の関数の $z=0$ におけるべき級数展開を求めよ.

（1） $\dfrac{1}{(1-z)^2}$ （2） $\dfrac{1}{(z-1)(z-3)}$ （3） e^{-2z}

問 3.18 次の関数を与えられた点でテイラー展開せよ. また, 収束範囲も求めよ.

（1） $\dfrac{1}{z^2}$ $(z=2)$ （2） $\dfrac{1}{z(z-2)}$ $(z=1)$

（3） $\sin z$ $\left(z=\dfrac{\pi}{2}\right)$

◆ **正則関数の零点** ◆　関数 $f(z)$ に対して, $f(z)=0$ の解, すなわち $f(a)=0$ を満たす a を $f(z)$ の **零点** という. $f^{(k)}(a) \neq 0$, $f^{(m)}(a) = 0$ $(m=0,1,\cdots,k-1)$ となるとき, 自然数 k を零点 a の **位数** という.

例 3.13 $(z-1)^3(z^2+1)$ の零点は 1（位数は 3）, i（位数は 1）, $-i$（位数は 1）である. ■

いま, $z=a$ が正則関数 $f(z)$ の位数 k の零点であれば, $f(z)$ のテイラー展開は, $|z-a|<r$ で

$$f(z) = \sum_{n=k}^{\infty} c_n (z-a)^n = (z-a)^k \sum_{n=k}^{\infty} c_n (z-a)^{n-k}$$
$$= (z-a)^k g(z),$$

$g(z)$ は $|z-a|<r$ で正則で, $g(a)=c_k \neq 0$, $k>0$

と書けるから, 次が成り立つ.

　　$f(z)$ は領域 D で定数でない正則関数とする. このとき, D の点 a が $f(z)$ の位数 k の零点であるための必要十分条件は, a のある r 近傍 U で

$$f(z) = (z-a)^k g(z), \quad g(z) \text{ は } U \text{ で正則で } g(a) \neq 0$$

と表されることである.

問 3.19 このことの十分性を証明せよ．

◆ **リューヴィルの定理** ◆

定理 3.7（リューヴィル（Liouville））

有界な整関数は定数である．

証明 $f(z)$ は $|f(z)| \leq M$ を満たすとする．任意の点 a を中心とする半径 r の円周 C に対して，コーシーの積分公式を用いれば

$$|f'(a)| = \left| \frac{1}{2\pi i} \int_C \frac{f(z)}{(z-a)^2} \, dz \right| \leq \frac{1}{2\pi} \int_C \frac{|f(z)|}{|z-a|^2} |dz|$$

$$\leq \frac{1}{2\pi} \int_C \frac{M}{r^2} |dz| = \frac{M}{2\pi r^2} 2\pi r = \frac{M}{r}.$$

r は任意であるから，$r \to \infty$ とすれば，$f'(a) = 0$．a は任意の点であったから，恒等的に $f'(z) = 0$．したがって，$f(z)$ は定数になる． ■

例 3.14 $|\sin z| \leq 1$ は成り立たない．もし成り立てば，$\sin z$ は全平面で有界な正則関数になって定数になるからである． ■

定理 3.7 から，n 次方程式は必ず複素数の範囲で解（重複をこめて n 個の解）をもつという次の定理を証明することができる．

定理 3.8（代数学の基本定理）

複素数係数の n 次代数方程式
$$f(z) = a_0 z^n + a_1 z^{n-1} + \cdots + a_{n-1} z + a_n = 0 \quad (a_0 \neq 0)$$
は必ず零点をもつ．

証明 $f(z)$ は零点をもたないと仮定する．$f(z)$ は整関数で，すべての z について $f(z) \neq 0$ であるから，$\dfrac{1}{f(z)}$ も整関数である．

$$|f(z)| = \left| z^n \left(a_0 + \frac{a_1}{z} + \frac{a_2}{z^2} + \cdots + \frac{a_n}{z^n} \right) \right|$$

$$\geqq |z|^n \left(|a_0| - \frac{|a_1|}{|z|} - \cdots - \frac{|a_n|}{|z|^n} \right)$$

より，$|z| \to \infty$ のとき，$|f(z)| \to \infty$ となり $\lim_{n \to \infty} \dfrac{1}{f(z)} = 0$.

よって，$\dfrac{1}{f(z)}$ は有界になるから，リューヴィルの定理により $\dfrac{1}{f(z)}$ は定数になる．すなわち，$f(z)$ も定数になり矛盾がでる． ■

♦ 一致の定理 ♦

──**定理 3.9（一致の定理）**──

$f(z), g(z)$ は領域 D で正則とする．D 内の無限点列 $\{z_n\}$ で，$\lim_{n \to \infty} z_n = a \in D$ であって，さらにすべての n に対して $z_n \neq a$ および $f(z_n) = g(z_n)$ を満たすものが存在すれば，D において $f(z) = g(z)$ が成り立つ．すなわち，D で $f(z)$ と $g(z)$ は同一の関数になる．

とくに，D 内のある曲線 C 上で $f(z) = g(z)$ ならば，D において $f(z)$ と $g(z)$ は同一の関数である．

証明 $h(z) = f(z) - g(z) \neq 0$ とする．$h(z)$ は D で連続であるから

$$h(a) = h(\lim_{n \to \infty} z_n) = \lim_{n \to \infty} h(z_n) = 0,\ \text{すなわち } a \text{ は } h(z) \text{ の零点}$$

になる．よって，66 ページの注意から

$$h(z) = (z-a)^k u(z),\quad u(a) \neq 0,\quad k > 0$$

となり，$u(z)$ は a の近傍で正則である．

よって，十分大きな n に対して

$$0 = h(z_n) = (z_n - a)^k u(z_n),\quad z_n \neq a$$

が成り立つから，$u(z_n) = 0$ となる．$u(z)$ は連続であるから

$$0 = \lim_{n \to \infty} u(z_n) = u(\lim_{n \to \infty} z_n) = u(a)$$

となり，矛盾が生じる． ■

一致の定理は，領域 D の部分領域 E で 2 つの正則関数が一致すれば，実は D で同一の関数である，ということを表している．

例 3.15 実軸上で実変数の指数関数 e^x と一致する全平面で正則な関数は e^z だけである．

問 3.20 実数 z で成り立つ関係式 $\sin^2 z + \cos^2 z = 1$ が複素数 z に対しても成り立つことを一致の定理を使って証明せよ．

♦ **最大絶対値の原理** ♦

―― **定理 3.10**（最大絶対値の原理）――――――

定数でない $f(z)$ が領域 D で正則であるとき，$|f(z)|$ は D で最大値をとらない．とくに，D が有界で閉曲線 C で囲まれているとき，$f(z)$ が D および C 上で連続であれば，$|f(z)|$ は C 上で最大値をとる．

証明 D の点 a で $|f(z)|$ が最大値 M をとるとする．$|z-a| < d$ が D に含まれるように d を選ぶと，$0 < r < d$ となるすべての r に対して，58 ページの変形に注意すれば

$$M - |f(a)| = \frac{1}{2\pi}\left|\int_0^{2\pi} f(a+re^{i\theta})\,d\theta\right| \leq \frac{1}{2\pi}\int_0^{2\pi} |f(a+re^{i\theta})|\,d\theta$$

$$\leq \frac{1}{2\pi}\int_0^{2\pi} M\,d\theta = M.$$

これから，すべての θ に対して

$$|f(a+re^{i\theta})| = |f(a)| = M.$$

$0 < r < d$ の r は任意であるから $|z-a| < d$ で $|f(z)| = M$．よって，$|z-a| < d$ で $f(z)$ は定数になる（練習問題 2 [B] 1）．

したがって，一致の定理より D で $f(z)$ は定数になり仮定に反する．

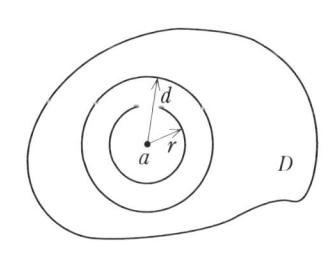

D が閉曲線 C で囲まれていれば，$|f(z)|$ は D および C 上で連続であるから，定理 1.3 によりどこかで最大値をとらねばならないが，D では最大値を

とらないから C 上で最大値をとる． ∎

　最大絶対値の定理の 1 つの応用である次の例題は，**シュヴァルツ（Schwarz）の補題**として知られている．

例題 3.10　$f(z)$ が $|z| < R$ において正則で $|f(z)| \leqq M$ および $f(0) = 0$ であれば，$|z| < R$ で
$$|f(z)| \leqq \frac{M}{R}|z|$$
が成り立つ．とくに，等号が成立する $z\,(\neq 0)$ があるときは，ある実数 θ が存在して
$$f(z) = \frac{M}{R} e^{i\theta} z.$$

解答　$f(0) = 0$ より，$f(z) = b_1 z + b_2 z^2 + \cdots = z g(z)$ と書けて，$g(z)$ は $|z| < R$ で正則になる．$|a| < R$ となる任意の a をとり $|a| < r < R$ とすると，$|g(z)|$ の $|z| \leqq r$ での最大値は最大絶対値の原理から $|z| = r$ 上でとるから
$$|g(a)| \leqq \max_{|z|=r} |g(z)| = \max_{|z|=r} \left| \frac{f(z)}{z} \right| = \frac{1}{r} \max_{|z|=r} |f(z)| \leqq \frac{M}{r}.$$
$r \to R$ として $|g(a)| \leqq \dfrac{M}{R}$．ここで a は任意であったから $|z| < R$ となる z に対して，$|g(z)| \leqq \dfrac{M}{R}$．よって，
$$|f(z)| = |z||g(z)| \leqq \frac{M}{R}|z|.$$

　次に，$0 < |a| < R$ となる点 a で $|f(a)| = \dfrac{M}{R}|a|$，すなわち $|g(a)| = \dfrac{M}{R}$ が成り立つとき，$|g(z)|$ は $z = a$（$|a| < R$）で最大値をとることになるから，最大絶対値の原理から $g(z)$ は定数になる．よって，$g(z) = \dfrac{M}{R} e^{i\theta}$ と

表されることになるから $0<|z|<R$ において $f(z)=\dfrac{M}{R}e^{i\theta}z$ になる.

例 3.16 $f(z)=z(z-1)$ のとき, $|z|\leqq 1$ における $|f(z)|$ の最大値は 2 である. 最大値は定理 3.9 より円周上 $|z|=1$ でとるので
$$|f(z)|=|z||z-1|=|z-1|$$
より $z=-1$ のとき最大になるからである.

問 3.21 $|z+1|\leqq 1$ において $|z(z+1)^2|$ の最大値を求めよ.

問 3.22 $f(z)$ が $|z|<1$ で正則で $|f(z)|\leqq 1$ および $f(0)=0$ が成り立てば, $|f'(0)|\leqq 1$ となることを示せ.

=========練 習 問 題 3=========

[A]

1. 右図のような曲線 C_1, C_2, C_3 に沿っての積分
$$\int_C (z^2+2z+2)\,dz$$
の値を求めよ.

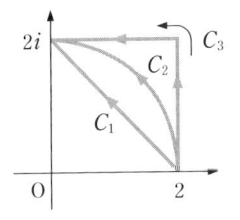

2. 次の積分の値を求めよ.
  (1) $\displaystyle\int_C (x^2+iy^3)\,dz$ $C: z=t^2-it$ ($0\leqq t\leqq 1$)
  (2) $\displaystyle\int_C (z+1)\,dz$ $C: z=t+it^2$ ($0\leqq t\leqq 2$)
  (3) $\displaystyle\int_C (x^2+iy^2)\,dz$ $C: 1$ から i に至る線分

3. 次の曲線に沿っての積分
$$\int_C (2x^2 - iy)\, dz$$
の値を求めよ（右図参照）．
 (1) $1+2i$ から $2+8i$ までの直線
 (2) $1+2i$ から $1+8i$ までと $1+8i$ から $2+8i$ までの線分を結ぶ折れ線
 (3) $1+2i$ から $2+8i$ までの放物線

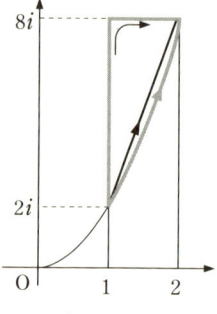

4. 右図のような線分に対して，次の積分を計算せよ．
 (1) $\int_{C_1} \operatorname{Im} z\, dz$ (2) $\int_{C_2} \operatorname{Im} z\, dz$
 (3) $\int_{C_1} |z||dz|$ (4) $\int_{C_2} |z||dz|$

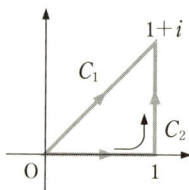

5. $C: |z| = 1,\ \operatorname{Im} z \geqq 0$（始点は1とする）に対して，次の値を求めよ．
 (1) $\int_C \bar{z}\, dz$ (2) $\int_C \operatorname{Re} z\, dz$ (3) $\int_C z^2\, dz$ (4) $\int_C |z-1||dz|$

6. 次の積分の値を求めよ．
 (1) $\int_C \dfrac{e^z}{z^2-1}\, dz \quad C: |z-1|=1$ (2) $\int_C \dfrac{dz}{z^2(z-2)} \quad C: |z|=3$
 (3) $\int_C \dfrac{\sin z}{z(z+1)^3}\, dz \quad C: |z|=2$ (4) $\int_C \dfrac{2z^2+z-3}{(z+1)^3}\, dz \quad C: |z+2|=2$
 (5) $\int_C \dfrac{z^3+z+1}{z^4-3z^2}\, dz \quad C: |z|=1$ (6) $\int_C \dfrac{(z+1)^2 e^z}{(z-1)^2}\, dz \quad C: |z+1|=1$
 (7) $\int_C \dfrac{\sin z}{z^2(z^2+3)}\, dz \quad C: |z|=\dfrac{3}{2}$ (8) $\int_C \dfrac{\cosh z}{z(2z-1)}\, dz \quad C: |z|=1$
 (9) $\int_C \dfrac{ze^z}{z^2+1}\, dz \quad C: |z-i|=1$ (10) $\int_C \dfrac{dz}{z^3+1} \quad C: |z-i|=1$

7. n は自然数で，$C: |z|=1$ のとき，次を計算せよ．
 (1) $\int_C \dfrac{dz}{z^n}$ (2) $\int_C \dfrac{e^z}{z^n}\, dz$ (3) $\int_C \dfrac{\cos z}{(z-2)^n}\, dz$

8. $z=1$ を内部に含む閉曲線を C とするとき，次を計算せよ．
 (1) $\int_C \dfrac{(z+2)^2 e^z}{(z-1)^2}\, dz$ (2) $\int_C \dfrac{e^z+2}{(z-1)^4}\, dz$ (3) $\int_C \dfrac{\cos \pi z}{(z-1)^5}\, dz$

9. 次の関数の $z=0$ におけるテイラー展開を求めよ．
 (1) $\dfrac{z+1}{z-1}$ (2) e^{iz} (3) $\dfrac{z+1}{(z-1)(z-3)}$ (4) $\sin^2 z$

10. 次の関数を与えられた点でテイラー展開せよ．また，収束範囲も求めよ．

　（1） $\dfrac{1}{3-z}$ $(z=2)$　（2） $\dfrac{1}{z^2}$ $(z=-1)$　（3） e^z $(z=\pi i)$

　（4） $\operatorname{Log} z$ $(z=i)$

11. 次の関数の $z=0$ でのべき級数展開の z^4 までの項を求めよ．

　（1） $e^z \cos z$　（2） $\sin\left(z-\dfrac{\pi}{4}\right)$　（3） $\dfrac{\sinh z}{e^z}$

12. $\sin z = (c_0+c_1 z+c_2 z^2+c_3 z^3+\cdots)\cos z$ を展開することで $\tan z$ のべき級数展開を z^5 の項まで求めよ．

13. e^z の展開を利用して不等式 $|e^z-1| \leqq e^{|z|}-1 \leqq |z|e^{|z|}$ を示せ．

14. 次の関数の零点とその位数を求めよ．

　（1） $z^2 \sin z$　（2） $\operatorname{Log}(z^2-2)$

15. $|z|<1$ で正則で，$z=\dfrac{1}{n}$ $(n \in \boldsymbol{N})$ において $\dfrac{n}{1-n}$ となる関数は $\dfrac{1}{z-1}$ 以外にないことを示せ．

16. $|z| \leqq 1$ において次の関数の絶対値の最大値を求めよ．

　（1） $2z^2+z+1$　（2） $\dfrac{2z-1}{z-2}$

17. $|z-2| \leqq 1$ における $|e^z|$ の最大値を求めよ．

18. 定数でない $f(z)$ が領域 D において正則で 0 にならないとき，$f(z)$ は D で最小値をとらないことを示せ．

[B]

1. 単純閉曲線 C で囲まれた図形の面積は $\dfrac{1}{2i}\displaystyle\int_C \bar{z}\, dz$ で与えられることを示せ．

2. $C:|z|=r$ のとき，次を示せ．

　（1） $\left|\displaystyle\int_C (z-1)^2\, dz\right| \leqq 2\pi r(r^2+1)$　（2） $\left|\displaystyle\int_C e^z\, dz\right| \leqq 2\pi r e^r$

3. $C:|z|=1$ に対して，$f(z)$ が C の内部および C 上で正則のとき，次を示せ．
$$\int_0^{2\pi} f(e^{i\theta})\cos^2\dfrac{\theta}{2}\, d\theta = \pi f(0) + \dfrac{\pi}{2}f'(0)$$

4. 領域 D における正則な関数列 $\{f_n(z)\}$ が D でコンパクト一様収束するとき，極限関数 $f(z)$ は D で正則になることを証明せよ．

5. 整関数 $f(z)$ に対して，$\dfrac{f(z)}{z^k}$ $(z \neq 0)$ が有界であれば，$f(z)$ は高々 k 次の多項式であることを証明せよ．

6. $\int_C \left(z+\dfrac{1}{z}\right)^{2n} \dfrac{1}{z}\, dz$, $C: |z|=1$ を計算して
$$\int_0^{2\pi} \cos^{2n} x\, dx = \dfrac{1\cdot 3\cdot 5\cdots (2n-1)}{2\cdot 4\cdot 6\cdots (2n)} 2\pi$$
を示せ．

7. 右図のような経路 C に対して，$\int_C e^{-z^2} dz$ を計算することにより，次を示せ．

（1）$\int_{-\infty}^{\infty} e^{-(x+ia)^2} dx = \sqrt{\pi}$

（2）$\int_{-\infty}^{\infty} e^{-x^2} \cos 2ax\, dx = \sqrt{\pi}\, e^{-a^2}$

（3）$\int_{-\infty}^{\infty} e^{-x^2} \sin 2ax\, dx = 0$

8. $f'(z) = f(z)$, $f(0) = 1$ を満たす正則関数は e^z に限ることを示せ．

9. 整関数 $f(z)$ が実軸上で実数値をとるならば，$f(\bar{z}) = \overline{f(z)}$ が成り立つことを示せ．

10. $f(z)$ は整関数で $\operatorname{Re} f(z)$ が有界であれば，$f(z)$ は定数になることを証明せよ．

11. $f(z) = \sum\limits_{n=0}^{\infty} c_n z^n$ が $|z| < R$ で正則であるとき，次を証明せよ．

（1）$\int_0^{2\pi} |f(re^{i\theta})|^2\, d\theta = 2\pi \sum\limits_{n=0}^{\infty} |c_n|^2 r^{2n}$ $(0 < r < R)$

（パーセバル（Parseval）の等式という）

（2）$|f(z)| \leq M$ ならば，$\sum\limits_{n=0}^{\infty} |c_n|^2 r^{2n} \leq M^2$

（グッツマー（Gutzmer）の不等式という）

12. $f(z)$ が $|z| < 1$ で正則で $\operatorname{Re} f(z) \geq 0$, $f(0) = 1$ であれば，$|z| < 1$ において $\left|\dfrac{f(z)-1}{f(z)+1}\right| \leq |z|$ が成り立つことを示せ．

4

有理型関数

4.1 ローラン展開

◆ ローラン展開 ◆ 関数 $f(z)$ が点 a で正則であるとき，$f(z)$ は a を中心とする正の収束半径をもつべき級数に展開される．また逆に，$f(z)$ がそのような展開式で与えられたとき，$f(z)$ は点 a で正則になる．これらのことはすでに学んだ．この節ではべき級数の考え方を拡張して，$f(z)$ が点 a で正則でないときにも適用できる展開式を求める．

$f(z)$ を点 a を中心とする環状領域 $D = \{z \mid 0 \leqq R_1 < |z-a| < R_2 \leqq \infty\}$ で正則とする．$R_1 < r < R_2$ を満たす任意の数 r に対して，点 a を中心とする半径 r の円を C_r で表す．

D に属する 1 点 z を任意に選び，いったん固定して考える．この z に対して，$R_1 < r_1 < |z-a| < r_2 < R_2$ を満たす r_1, r_2 を選ぶ．また十分小さい $\varepsilon > 0$ をとり，点 z を中心とする半径 ε の円 K が，環状領域 $D' = \{\zeta \mid r_1 < |\zeta - a| < r_2\}$ に含まれるとする．z を固定したため，複素変数としては別の ζ を用いていることに注意する．

関数 $\dfrac{1}{2\pi i} \dfrac{f(\zeta)}{\zeta - z}$ に対して定理 3.2 と定理 3.3 を適用すると，次の積分表示式を得る．ここで積分路の向きはつねに正とする．

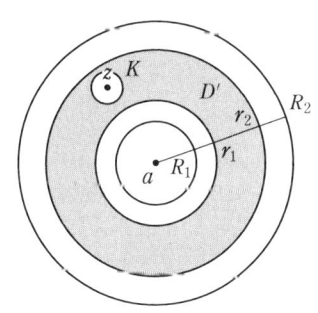

$$f(z) = \frac{1}{2\pi i} \int_K \frac{f(\zeta)}{\zeta - z} d\zeta$$

$$= \frac{1}{2\pi i}\int_{C_{r_2}} \frac{f(\zeta)}{\zeta-z}\,d\zeta - \frac{1}{2\pi i}\int_{C_{r_1}} \frac{f(\zeta)}{\zeta-z}\,d\zeta.$$

C_{r_1} 上では $|z-a|>|\zeta-a|$,すなわち $\left|\dfrac{\zeta-a}{z-a}\right|<1$ であるため

$$\frac{1}{\zeta-z} = -\frac{1}{(z-a)-(\zeta-a)} = -\frac{1}{z-a}\frac{1}{1-\dfrac{\zeta-a}{z-a}}$$

$$= -\frac{1}{z-a}\sum_{n=0}^{\infty}\left(\frac{\zeta-a}{z-a}\right)^n = -\sum_{n=0}^{\infty}\frac{(\zeta-a)^n}{(z-a)^{n+1}}$$

と収束する無限級数で表される.また C_{r_2} 上では $|z-a|<|\zeta-a|$ であるため,同様にして

$$\frac{1}{\zeta-z} = \frac{1}{(\zeta-a)-(z-a)} = \frac{1}{\zeta-a}\frac{1}{1-\dfrac{z-a}{\zeta-a}} = \sum_{n=0}^{\infty}\frac{(z-a)^n}{(\zeta-a)^{n+1}}$$

と表される.これらの無限級数を先の積分表示式に代入すると,テイラー展開の場合と同様に項別積分が可能となり

$$f(z) = \frac{1}{2\pi i}\sum_{n=0}^{\infty}\int_{C_{r_1}} f(\zeta)\frac{(\zeta-a)^n}{(z-a)^{n+1}}\,d\zeta + \frac{1}{2\pi i}\sum_{n=0}^{\infty}\int_{C_{r_2}} f(\zeta)\frac{(z-a)^n}{(\zeta-a)^{n+1}}\,d\zeta$$

$$= \frac{1}{2\pi i}\sum_{n=0}^{\infty}\frac{1}{(z-a)^{n+1}}\int_{C_{r_1}} f(\zeta)(\zeta-a)^n\,d\zeta$$

$$+ \frac{1}{2\pi i}\sum_{n=0}^{\infty}(z-a)^n\int_{C_{r_2}} \frac{f(\zeta)}{(\zeta-a)^{n+1}}\,d\zeta$$

$$= \frac{1}{2\pi i}\sum_{n=-\infty}^{-1}(z-a)^n\int_{C_{r_2}} \frac{f(\zeta)}{(\zeta-a)^{n+1}}\,d\zeta + \frac{1}{2\pi i}\sum_{n=0}^{\infty}(z-a)^n\int_{C_{r_2}} \frac{f(\zeta)}{(\zeta-a)^{n+1}}\,d\zeta$$

と表される.

定理 4.1(ローラン(Laurent))

$f(z)$ が点 a を中心とする環状領域 $D=\{z\,|\,0\leq R_1<|z-a|<R_2\leq\infty\}$ で正則なとき,$f(z)$ は正べきと負べきの項をあわせもつ級数

$$f(z) = \sum_{n=-\infty}^{\infty} c_n(z-a)^n$$

として一意的に展開される.ただし,係数 c_n は

$$c_n = \frac{1}{2\pi i} \int_{C_\rho} \frac{f(\zeta)}{(\zeta-a)^{n+1}} \, d\zeta \quad (n = 0, \pm 1, \pm 2, \cdots)$$

の形に積分を用いて表される．ここで ρ は $R_1 < \rho < R_2$ を満たす任意の数である．

この表示式を，$f(z)$ の $z = a$ における**ローラン展開**といい，表された級数を**ローラン級数**という．

証明 積分表示式内の被積分関数はすべて D で正則であるため，C_{r_1} と C_{r_2} 上の積分は同一の円 C_ρ 上の積分に取り替えることができる．級数展開の一意性についても容易に証明できる． ∎

とくに $f(z)$ が $D : |z-a| < R$ で正則ならば，n が負のとき $\dfrac{f(z)}{(z-a)^{n+1}}$ も D で正則になるため，コーシーの積分定理より $c_n = 0$（$n = -1, -2, \cdots$）となる．したがって，ローラン展開はテイラー展開の自然な拡張になっている．また，次の例が示すように，係数 c_n の値を積分を用いて直接計算することはあまりない．

例題 4.1 $f(z) = \dfrac{1}{(z-1)^2(z-2)}$ を次の領域でローラン展開せよ．

（1） $D_1 : |z| < 1$ （2） $D_2 : 1 < |z| < 2$

（3） $D_3 : 0 < |z-1| < 1$ （4） $D_4 : 0 < |z-2| < 1$

解答 $f(z)$ は $z = 1$ と $z = 2$ を除いた点では正則である．また

$$f(z) = -\frac{1}{(z-1)^2} - \frac{1}{z-1} + \frac{1}{z-2}$$

と部分分数に分解される．以下 (1) と (2) は $z = 0$，(3) は $z = 1$，(4) は $z = 2$ におけるローラン展開である．

（1） 領域 D_1 では $f(z)$ は正則であるため，テイラー展開とローラン展開は一致する．また $|z| < 1$，$\left|\dfrac{z}{2}\right| < \dfrac{1}{2} < 1$ であるから

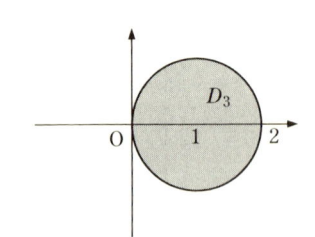

$$-\frac{1}{(z-1)^2} = -\frac{1}{(1-z)^2} = -\sum_{n=0}^{\infty}(n+1)z^n$$

(例 2.6 より),

$$-\frac{1}{z-1} = \frac{1}{1-z} = \sum_{n=0}^{\infty} z^n,$$

$$\frac{1}{z-2} = -\frac{1}{2}\frac{1}{1-\frac{z}{2}} = -\frac{1}{2}\sum_{n=0}^{\infty}\left(\frac{z}{2}\right)^n$$

$$= -\sum_{n=0}^{\infty}\frac{z^n}{2^{n+1}}$$

とテイラー展開できるため

$$f(z) = -\sum_{n=0}^{\infty}\left(n + \frac{1}{2^{n+1}}\right)z^n.$$

(2) 領域 D_2 では $\left|\frac{1}{z}\right| < 1$, $\left|\frac{z}{2}\right| < 1$ であるため

$$-\frac{1}{(z-1)^2} = -\frac{1}{z^2}\frac{1}{\left(1-\frac{1}{z}\right)^2} = -\frac{1}{z^2}\sum_{n=0}^{\infty}(n+1)\frac{1}{z^n} = -\sum_{n=2}^{\infty}(n-1)\frac{1}{z^n},$$

$$-\frac{1}{z-1} = -\frac{1}{z}\frac{1}{1-\frac{1}{z}} = -\frac{1}{z}\sum_{n=0}^{\infty}\frac{1}{z^n} = -\sum_{n=1}^{\infty}\frac{1}{z^n},$$

$$\frac{1}{z-2} = -\frac{1}{2}\frac{1}{1-\frac{z}{2}} = -\frac{1}{2}\sum_{n=0}^{\infty}\left(\frac{z}{2}\right)^n = -\sum_{n=0}^{\infty}\frac{1}{2^{n+1}}z^n$$

と展開されるから

$$f(z) = -\sum_{n=1}^{\infty}\frac{n}{z^n} - \sum_{n=0}^{\infty}\frac{1}{2^{n+1}}z^n.$$

(3) 領域 D_3 では $|z-1| < 1$ であるため

$$\frac{1}{z-2} = -\frac{1}{1-(z-1)} = -\sum_{n=0}^{\infty}(z-1)^n$$

と展開されるから

$$f(z) = -\frac{1}{(z-1)^2} - \frac{1}{z-1} - \sum_{n=0}^{\infty}(z-1)^n.$$

（4） 領域 D_4 では $|z-2| < 1$ であるため

$$-\frac{1}{(z-1)^2} = -\frac{1}{(1+(z-2))^2}$$
$$= -\sum_{n=0}^{\infty}(-1)^n(n+1)(z-2)^n,$$
$$-\frac{1}{z-1} = -\frac{1}{1+(z-2)} = -\sum_{n=0}^{\infty}(-1)^n(z-2)^n$$

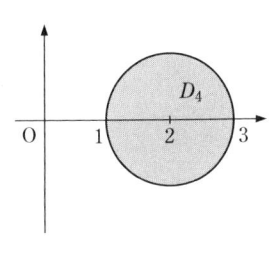

と展開されるから

$$f(z) = \frac{1}{z-2} - \sum_{n=0}^{\infty}(-1)^n(n+2)(z-2)^n.$$

問 4.1 次の関数を与えられた領域でローラン展開せよ．

（1） $\dfrac{1}{z(z-1)}$ $(0 < |z| < 1)$ （2） $\dfrac{1}{z^2(z-1)}$ $(0 < |z-1| < 1)$

（3） $\dfrac{z}{z^2+1}$ $(0 < |z-i| < 2)$ （4） $\dfrac{\sin z}{z^3}$ $(0 < |z| < \infty)$

問 4.2 関数 $\dfrac{e^z}{z(z-1)}$ について

（1） 領域 $0 < |z| < 1$ でローラン展開し，その z^3 までの項を求めよ．
（2） 領域 $0 < |z-1| < 1$ でローラン展開し，その $(z-1)^3$ までの項を求めよ．

◆ **孤立特異点** ◆　$f(z)$ が点 a を除いて a の近傍で正則であるとき，a を $f(z)$ の**孤立特異点**という．$f(z)$ は r を十分小さくとれば，領域 $0 < |z-a| < r$ で

$$f(z) = \sum_{n=-\infty}^{-1}c_n(z-a)^n + \sum_{n=0}^{\infty}c_n(z-a)^n$$

とローラン展開される．この場合，級数の負べきの部分 $\sum_{n=-\infty}^{-1}c_n(z-a)^n$ は $z = a$ を除いて収束するが，この部分は $z = a$ における $f(z)$ の特異性を特徴づける重要な意味をもつ．このため，この部分を $z = a$ における $f(z)$ の**主要部**といい，その形により孤立特異点は次の 3 つに分類される．

（1） **除去可能な特異点**：主要部がない，すなわち

$$f(z) = \sum_{n=0}^{\infty} c_n(z-a)^n = c_0 + c_1(z-a) + c_2(z-a)^2 + \cdots$$

と表されるときをいう．この場合は $\lim_{z \to a} f(z) = c_0$ が成り立つ．必要ならば $z=a$ での値を改めて $f(a) = c_0$ と定義すれば，$f(z)$ は $|z-a| < r$ で正則な関数に自然に拡張できる．

（2） **極**：主要部の項の数が有限個，すなわち

$$f(z) = \frac{c_{-k}}{(z-a)^k} + \frac{c_{-k+1}}{(z-a)^{k-1}} + \cdots + \frac{c_{-1}}{z-a} + \sum_{n=0}^{\infty} c_n(z-a)^n$$

$$(c_{-k} \neq 0, \ k > 0)$$

と表されるときをいう．このとき，$z=a$ は $f(z)$ の**位数 k の極**であるという．この場合

$$g(z) = (z-a)^k f(z) = c_{-k} + c_{-k+1}(z-a) + c_{-k+2}(z-a)^2 + \cdots$$

とおくと，$g(z)$ は a で正則になる．したがって，点 a が $f(z)$ の位数 k の極であるための必要十分条件は

$$f(z) = \frac{g(z)}{(z-a)^k}, \ g(z) \text{ は } g(a) \neq 0 \text{ を満たす正則関数}$$

と表されることであると言い換えてもよい．

点 a が $f(z)$ の極であるとき，$\lim_{z \to a} |f(z)| = \infty$ が成り立つ．したがって，1.2 節より $\lim_{z \to a} f(z) = \infty$ と表される．複素関数論では ∞ を複素平面外の 1 つの点と考え**無限遠点**という．

（3） **真性特異点**：主要部の項の数が無限個のときをいう．

例題 4.2 次の関数の孤立特異点を調べよ．

（1） $\dfrac{z+2}{z^2+1}$ （2） $e^{\frac{1}{z}}$

解答 （1） 分母が 0 となる $z=i$ と $z=-i$ を除いてこの関数は正則である．$z=i$ と $z=-i$ では

$$\frac{z+2}{z^2+1} = \frac{g_1(z)}{z-i}, \ g_1(z) = \frac{z+2}{z+i}, \ g_1(i) \neq 0,$$

$$\frac{z+2}{z^2+1} = \frac{g_2(z)}{z+i}, \quad g_2(z) = \frac{z+2}{z-i}, \quad g_2(-i) \neq 0$$

と表されるので，ともに位数1の極である．

（2） 原点における e^z のテイラー展開から，z を $\dfrac{1}{z}$ でおき換えて得られる式

$$e^{\frac{1}{z}} = 1 + \frac{1}{z} + \frac{1}{2!\,z^2} + \frac{1}{3!\,z^3} + \cdots + \frac{1}{n!\,z^n} + \cdots$$

が $e^{\frac{1}{z}}$ の $z=0$ におけるローラン展開になる．負べきの項が無限個あるため，$z=0$ は真性特異点になる．$z=0$ 以外では $e^{\frac{1}{z}}$ は正則である． ■

孤立特異点が除去可能であるかどうかを調べる方法として，次のリーマンの判定法がある．

定理 4.2（リーマン）

点 a を $f(z)$ の孤立特異点とする．このとき a が $f(z)$ の除去可能な特異点であるための必要十分条件は，$f(z)$ が a の近傍で有界となることである．

証明 必要条件：点 a における $f(z)$ のローラン展開

$$f(z) = c_0 + c_1(z-a) + c_2(z-a)^2 + \cdots$$

より，$\lim_{z \to a} f(z) = c_0$ が成り立つ．したがって，$f(z)$ は $z=a$ の近傍で有界になる．

十分条件：仮定から適当な $\delta > 0$ と $M > 0$ をとり，$|z-a| < \delta$ において $|f(z)| < M$ が成り立つとしてよい．$f(z)$ のローラン展開の係数は

$$c_n = \frac{1}{2\pi i}\int_{C_r} \frac{f(\zeta)}{(\zeta-a)^{n+1}}\,d\zeta \quad (0 < r < \delta)$$

と積分で表された．ここで $\zeta = a + re^{i\theta}$ とおくと

$$|c_n| = \left|\frac{1}{2\pi i}\int_0^{2\pi} f(\zeta) r^{-n} e^{-in\theta} i\,d\theta\right| \leq \frac{1}{2\pi}\int_0^{2\pi} M r^{-n}\,d\theta = M r^{-n}$$

が成り立つ．したがって，n が負のとき $r \to 0$ とすると $Mr^{-n} \to 0$ となり，

$c_n = 0$ ($n = -1, -2, \cdots$) を得る. ∎

 この定理より,$f(z)$ が点 a で位数 k の極をもつことと,$\lim_{z \to a}(z-a)^k f(z)$ が 0 でない値(実際には c_{-k})に収束することは同値となる.また $f(z)$ が a で位数 k の極をもてば,$g(z) = \dfrac{1}{f(z)}$ は r を十分小さくとるとき領域 $0 < |z-a| < r$ で正則となり,かつ $\lim_{z \to a} g(z) = 0$ を満たす.したがって,$g(z)$ は a の近傍 $|z-a| < r$ で正則関数に拡張できる.その展開式は
$$g(z) = b_k(z-a)^k + b_{k+1}(z-a)^{k+1} + b_{k+2}(z-a)^{k+2} + \cdots$$
$$\left(b_k = \frac{1}{c_{-k}} \neq 0\right)$$
の形に表され,a は $g(z)$ の位数 k の零点になる.

 点 a が $f(z)$ の真性特異点の場合は,極限 $\lim_{z \to a} f(z)$ は ∞ を含めて存在しない.実際,極限が有限確定の場合は,a は定理 4.2 より除去可能な特異点になる.また,$\lim_{z \to a} f(z) = \infty$ が成り立つとすると,$g(z) = \dfrac{1}{f(z)}$ は点 a で正則になる.$g(z)$ の a での零点の位数を k とすると,$f(z)$ は a で位数 k の極をとることになる.

問 4.3 次の関数の特異点を調べよ.
 (1) $\dfrac{z}{(z+1)(z+2)}$ (2) $\dfrac{1-e^z}{z}$ (3) $\dfrac{1}{z(z+1)^2}$

問 4.4 $f(z) = (z-1)(z+2)^2$ とするとき,次の領域における $g(z) = \dfrac{1}{f(z)}$ のローラン展開の主要部を求めよ.
 (1) $0 < |z-1| < 3$ (2) $0 < |z+2| < 3$

問 4.5 $f(z) = a_1 z + a_2 z^2 + a_3 z^3 + \cdots$ ($a_1 \neq 0$) に対して
$$g(z) = \frac{1}{f(z)} = \frac{b_{-1}}{z} + b_0 + b_1 z + \cdots$$
と表すとき,b_{-1}, b_0, b_1 を $a_1, a_2, a_3, \cdots$ を用いて表せ.

◆ **複素球面** ◆ 複素平面 C に無限遠点 ∞ をつけ加えた集合を $\hat{C} = C \cup$

$\{\infty\} = \{z \mid |z| \leqq \infty\}$ で表す．$\hat{C}$ は以下に述べる方法で，球面 S と自然に同一視できる．このように考えたとき，$\hat{C}$ を**複素球面**または**リーマン球面**という．

(x, y, u) を直交座標系とする実 3 次元空間内に球面

$$S: x^2+y^2+\left(u-\frac{1}{2}\right)^2 = \frac{1}{2^2}$$

をとる．このとき，xy 平面上の点 $(x, y, 0)$ に複素数 $z = x+iy$ を対応させることにより，xy 平面と複素平面 C を同一視する．北極点 $N = (0, 0, 1)$ と xy 平面上の点 $z = (x, y, 0)$ を結ぶ空間内の直線は，N 以外に S とただ 1 点で交わる．この点を P とすると，z と P の対応は複素平面 C と $S - \{N\}$ の間の 1 対 1 対応を与える．N に対応する点は C 上にはないので，N には ∞ を対応させる．この写像 $\pi: S \to \hat{C}$（$\pi(P) = z$, $\pi(N) = \infty$）のことを**立体射影**という．C 上の点列 z_n が $\lim_{n \to \infty} z_n = \infty$ を満たすとき，対応する S 上の点列 $\pi^{-1}(z_n)$ は N に収束する．また，逆も成り立つ．

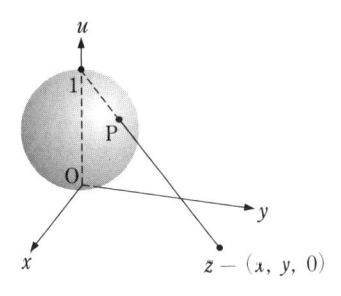

問 4.6 立体射影により，複素数 $z = x+iy$ と S 上の点 $\left(\dfrac{x}{x^2+y^2+1}, \dfrac{y}{x^2+y^2+1}, \dfrac{x^2+y^2}{x^2+y^2+1}\right)$ が対応することを示せ．

問 4.7 次の関数 $f(z)$ に対して，極限 $\lim_{z \to \infty} f(z)$ を求めよ．
(1) $\dfrac{z^2+3z-1}{2z^2+5z-3}$ (2) $\dfrac{z^3-2z+1}{2z^2+z-2}$ (3) $\sin z$

$f(z)$ は領域 $R < |z| < \infty$ で正則として，この領域でのローラン展開を

$$f(z) = \sum_{n=-\infty}^{-1} c_n z^n + \sum_{n=0}^{\infty} c_n z^n = \sum_{n=1}^{\infty} c_n z^n + \sum_{n=0}^{\infty} \frac{c_{-n}}{z^n}$$

とする．このとき，級数 $\sum_{n=1}^{\infty} c_n z^n$ の部分を $f(z)$ の無限遠点 ∞ における**主要部**という．主要部の形により無限遠点 ∞ は次の 3 つに分類される．

(1) **除去可能な特異点**：主要部がないときをいい，$f(z)$ は ∞ で正則ともいう．展開式は

$$f(z) = \frac{c_{-k}}{z^k} + \frac{c_{-k-1}}{z^{k+1}} + \frac{c_{-k-2}}{z^{k+2}} + \cdots \quad (k \geq 0, \ c_{-k} \neq 0)$$

と表され，$k \geq 1$ のとき ∞ は $f(z)$ の位数 k の零点であるという．

（2） **極**：主要部が有限個のときをいう．展開式が

$$f(z) = c_k z^k + c_{k-1} z^{k-1} + \cdots + c_1 z^1 + \sum_{n=0}^{\infty} \frac{c_{-n}}{z^n} \quad (k \geq 1, \ c_k \neq 0)$$

と表されるとき，∞ は $f(z)$ の位数 k の極であるという．

（3） **真性特異点**：主要部の項が無限個あるときをいう．

これらの定義は通常の複素数の場合と逆に思われるが，その理由は変数変換 $\zeta = \dfrac{1}{z}$ を考えるとわかりやすい．この変換により，$z = 0$ は $\zeta = \infty$ に，$z = \infty$ は $\zeta = 0$ に移る．ζ は自然に ∞ を原点とする複素座標とみなせる．領域 $R < |z| < \infty$ で正則な関数 $f(z)$ に対して，$g(\zeta) = f\left(\dfrac{1}{\zeta}\right)$ とおくと，$g(\zeta)$ は ζ に関し領域 $0 < |\zeta| < \dfrac{1}{R}$ で正則になる．$f(z)$ が $z = \infty$ で正則，∞ が $f(z)$ の位数 k の極，∞ が $f(z)$ の真性特異点であることは，$g(\zeta)$ が $\zeta = 0$ で正則，0 が $g(\zeta)$ の位数 k の極，0 が $g(\zeta)$ の真性特異点であることとそれぞれ一致する．

例 4.1 指数関数 e^z の原点におけるテイラー展開

$$e^z = 1 + \frac{z}{1!} + \frac{z^2}{2!} + \cdots + \frac{z^n}{n!} + \cdots$$

は環状領域 $0 < |z| < \infty$ でのローラン展開ともみなせる．したがって，∞ は e^z の真性特異点である．

問 4.8 次の関数の ∞ での特異点を調べよ．
（1） $\dfrac{z^3}{z^2 + 2z - 3}$ （2） $z^2 \cos \dfrac{1}{z}$ （3） $\dfrac{1}{\sin z}$

♦ **1 次変換** ♦ $ad - bc \neq 0$ を満たす複素数 a, b, c, d に対して

$$w = T(z) = \frac{az+b}{cz+d}$$

で定義される関数を **1次変換** という．$c \neq 0$ のとき w は $z = -\dfrac{d}{c}$ で位数1の極をとり $z = \infty$ で正則となる．無限遠点 ∞ を導入したため，$T\left(-\dfrac{d}{c}\right) = \infty$, $T(\infty) = \dfrac{a}{c}$ としてよい．また $c = 0$ のとき $z = \infty$ は w の位数1の極となるため，$T(\infty) = \infty$ となる．

条件 $ad - bc \neq 0$ があるため z を w について解くことができ，$w = T(z)$ の逆変換が1次変換の形 $z = T^{-1}(w) = \dfrac{dw - b}{-cw + a}$ で得られる．したがって，1次変換 $w = T(z)$ は複素球面 $\widehat{\boldsymbol{C}} : |z| \leqq \infty$ から複素球面 $\widehat{\boldsymbol{C}} : |w| \leqq \infty$ 上への1対1対応を与える．

問 4.9 $ad - bc = 0$ のとき $w = T(z)$ を同様に定義すると，w は定数になることを示せ．

問 4.10 2つの1次変換の合成は，また1次変換になることを示せ．

1次変換 $w = T(z)$ は $c \neq 0$ のとき

$$w = T(z) = \frac{-(ad-bc)/c^2}{z + d/c} + \frac{a}{c}$$

と表される．また $c = 0$ のときは $d \neq 0$ のため

$$w = T(z) = \frac{a}{d}z + \frac{b}{d}$$

と表される．このことから任意の1次変換は次の3種類の基本的な1次変換

　（1）　$w = z + a$　　（2）　$w = \lambda z$　$(\lambda \neq 0)$　　（3）　$w = \dfrac{1}{z}$

の合成で表されることがわかる．実際 $w = T(z)$ は，$c \neq 0$ のとき $T_1(z) = z + \dfrac{d}{c}$, $T_2(z) = \dfrac{1}{z}$, $T_3(z) = -\dfrac{ad - bc}{c^2}z$, $T_4(z) = z + \dfrac{a}{c}$ の合成で表さ

れ，$c=0$ のとき $T_5(z) = \dfrac{a}{d}z$ と $T_6(z) = z + \dfrac{b}{d}$ の合成で表される．

定理 4.3（円円対応）

任意の 1 次変換 $w = T(z)$ は，z 平面内の円を w 平面内の円に移す．ただし，直線は円の特別の場合（半径が ∞）とみなす．

証明 3 種類の基本的な 1 次変換に対して定理が成り立つことを示せばよい．1 次変換 $w = z + a$ は平行移動を，1 次変換 $w = \lambda z$ は $\arg \lambda$ の回転と $|\lambda|$ 倍の伸縮の合成を表すことから明らかである．次に 1 次変換 $w = \dfrac{1}{z}$ について考える．$z = a$ を中心とする半径 $r > 0$ の円は $|z - a|^2 = (z - a)(\bar{z} - \bar{a}) = r^2$ と表されるが，この式に $w = \dfrac{1}{z}$，すなわち $z = \dfrac{1}{w}$ を代入すれば $(|a|^2 - r^2)w\bar{w} - aw - \overline{aw} + 1 = 0$ となる．この式は $|a| = r$ のときは直線を表す．$|a| \neq r$ のときは

$$\left(w - \frac{\bar{a}}{|a|^2 - r^2}\right)\left(\bar{w} - \frac{a}{|a|^2 - r^2}\right) = \left(\frac{r}{|a|^2 - r^2}\right)^2$$

と変形できるため，$w = \dfrac{\bar{a}}{|a|^2 - r^2}$ を中心とする半径 $\dfrac{r}{||a|^2 - r^2|}$ の円を表す．∎

例 4.2 1 次変換 $w = \dfrac{z-1}{z+i}$ により $1, i, -i$ が $0, \dfrac{1}{2}(1+i), \infty$ にそれぞれ移る．3 点 $1, i, -i$ を通る円は単位円 $|z| = 1$ に限る．したがって，$|z| = 1$ はこの変換により $0, \dfrac{1}{2}(1+i), \infty$ を通る円，すなわちこの場合，直線 $\arg w = \dfrac{\pi}{4}$ に移される．∎

問 4.11 式 $az + \overline{az} - 1 = 0 \ (a \neq 0)$ は z 平面上の直線を表すことを示せ．

問 4.12 1 次変換 $w = \dfrac{1}{z}$ により次の集合はどこに移るか．

(1) $|z-2|=1$　(2) $|z-i|=1$　(3) $\mathrm{Re}\,z=1$

複素平面上の相異なる 4 点 z_1, z_2, z_3, z_4 に対して

$$(z_1, z_2, z_3, z_4) = \frac{z_1-z_3}{z_1-z_4} \Big/ \frac{z_2-z_3}{z_2-z_4}$$

とおき，これを 4 点の**複比**または**非調和比**という．z_1, z_2, z_3, z_4 のうちのどれか 1 つ，たとえば z_1 が ∞ のときには

$$(\infty, z_2, z_3, z_4) = \lim_{z_1 \to \infty}(z_1, z_2, z_3, z_4) = \frac{z_2-z_4}{z_2-z_3}$$

で複比を定義する．他の点が ∞ のときにも同様に考える．

定理 4.4

任意の 1 次変換 $w = T(z) = \dfrac{az+b}{cz+d}$ $(ad-bc \neq 0)$ に対して，4 点 z_1, z_2, z_3, z_4 の複比は一定である．すなわち

$$(z_1, z_2, z_3, z_4) = (w_1, w_2, w_3, w_4), \quad w_i = T(z_i) \quad (1 \leq i \leq 4)$$

が成り立つ．

証明　3 種類の基本的 1 次変換 $w = z+\alpha$, $w = \lambda z$ $(\lambda \neq 0)$, $w = \dfrac{1}{z}$ に対して複比が一定になることを示せばよい．$w = z+\alpha$ と $w = \lambda z$ に対して不変であることは自明．また，$T(z) = \dfrac{1}{z}$ に対しても

$$(w_1, w_2, w_3, w_4) = \frac{\dfrac{1}{z_1}-\dfrac{1}{z_3}}{\dfrac{1}{z_1}-\dfrac{1}{z_4}} \Big/ \frac{\dfrac{1}{z_2}-\dfrac{1}{z_3}}{\dfrac{1}{z_2}-\dfrac{1}{z_4}} = \frac{z_3-z_1}{z_4-z_1} \Big/ \frac{z_3-z_2}{z_4-z_2} = (z_1, z_2, z_3, z_4)$$

が成り立つ．　∎

例題 4.3　複比が一定であることを用いて，$0, i, 2$ をそれぞれ $i, 0, 2-i$ に移す 1 次変換 $w = T(z)$ を求めよ．

　解答　4 点 $w, i, 0, 2-i$ と $z, 0, i, 2$ の複比が一定より

$$\frac{w-0}{w-(2-i)} \Big/ \frac{i-0}{i-(2-i)} = \frac{z-i}{z-2} \Big/ \frac{0-i}{0-2},$$

すなわち

$$\frac{(i-1)w}{w-(2-i)} = \frac{z-i}{z-2}$$

が成り立つ．これを w について解けば，求める1次変換 $w = \dfrac{z-i}{z-1}$ を得る． ■

問 4.13 $z = 1, 2, 3$ を $w = 1, -1, 4$ に移す1次変換 $w = T(z)$ を求めよ．

4.2 留　数

◆**留　数**◆　関数 $f(z)$ が単連結領域 D で正則であるとき，D 内の任意の単純閉曲線 C に沿って $f(z)$ を積分すると，コーシーの積分定理より，つねに $\int_C f(z)\,dz = 0$ であった．この節では $f(z)$ が単連結領域 D 内に孤立特異点をもつ場合を考える．$z = a$ が $f(z)$ の孤立特異点であり，$f(z)$ は $z = a$ を中心とする十分小さな環状領域 $0 < |z-a| < r$ で正則とする．このとき $f(z)$ の $z = a$ におけるローラン展開 $f(z) = \sum_{n=-\infty}^{\infty} c_n (z-a)^n$ の $(z-a)^{-1}$ の係数 c_{-1} を，$f(z)$ の $z = a$ での**留数**といい $\mathrm{Res}\,(z, a)$ で表す．定理 4.1 より

$$\mathrm{Res}\,(f, a) = c_{-1} = \frac{1}{2\pi i}\int_{C_r} f(z)\,dz$$

と表される．

　$z = a$ が $f(z)$ の位数 k の極である場合，留数を次の方法で計算することが多い．すなわち，$f(z)$ を点 a でローラン展開して

$$f(z) = \frac{c_{-k}}{(z-a)^k} + \frac{c_{-k+1}}{(z-a)^{k-1}} + \cdots + \frac{c_{-1}}{z-a} + c_0 + c_1(z-a) + \cdots,$$

$$g(z) = (z-a)^k f(z) = \sum_{n=0}^{\infty} c_{n-k}(z-a)^n$$

とおくと，$g(z)$ は $z = a$ で正則になる．したがって

$$\mathrm{Res}\,(f,a) = c_{-1} = \frac{1}{(k-1)!}g^{(k-1)}(a) = \lim_{z \to a}\frac{1}{(k-1)!}\frac{d^{k-1}}{dz^{k-1}}\{(z-a)^k f(z)\}.$$

注意 $z=a$ が $f(z)$ の真性特異点の場合には，この方法では留数は計算できない．

例 4.3 $f(z) = \dfrac{e^z}{z^2(z-1)}$ は $z=0$ が位数 2 の極，$z=1$ が位数 1 の極である．留数は

$$\mathrm{Res}\,(f,0) = \lim_{z \to 0}\frac{1}{1!}\frac{d}{dz}(z^2 f(z)) = \lim_{z \to 0}\frac{d}{dz}\left(\frac{e^z}{z-1}\right)$$
$$= \lim_{z \to 0}\frac{e^z(z-2)}{(z-1)^2} = -2,$$
$$\mathrm{Res}\,(f,1) = \lim_{z \to 1}(z-1)f(z) = \lim_{z \to 1}\frac{e^z}{z^2} = e.$$

問 4.14 次の関数の与えられた点での留数を求めよ．
(1) $\dfrac{2z+3}{(z-1)(z+2)}$ $(z=-2)$　(2) $\dfrac{3z+5}{z^3(z+1)}$ $(z=0)$
(3) $\dfrac{z^2+1}{(z^2+4)(2z+1)}$ $(z=2i)$　(4) $\dfrac{z^2}{(z^2+1)^2}$ $(z=i)$

定理 4.5（留数定理）

$f(z)$ を単連結領域 D で定義された関数として，C を D 内の単純閉曲線とする．C 内の点 $a_1, a_2, \cdots, a_n$ は $f(z)$ の孤立特異点とし，それ以外では C 上を含めて C 内で $f(z)$ は正則とする．このとき，$f(z)$ の C に沿っての積分は留数の和として次のように表される：

$$\frac{1}{2\pi i}\int_C f(z)\,dz = \sum_{i=1}^{n}\mathrm{Res}\,(f,a_i)$$

証明 各 a_i を中心として十分小さい半径の円 C_i をとれば，$C_1, C_2, \cdots, C_n$ は互いに交わらず，かつ C に含まれるようにできる．定理 3.2 をこの場合に適用すれば，

$$\frac{1}{2\pi i}\int_C f(z)\,dz$$
$$=\frac{1}{2\pi i}\int_{C_1} f(z)\,dz+\cdots+\frac{1}{2\pi i}\int_{C_n} f(z)\,dz$$
$$=\sum_{i=1}^n \mathrm{Res}\,(f,a_i)$$

となる． ∎

領域 $D: R<|z|<\infty$ で正則な関数 $f(z)$ に対して，無限遠点 ∞ での留数を積分

$$\mathrm{Res}\,(f,\infty)=-\frac{1}{2\pi i}\int_{C_r}f(z)\,dz\quad(R<r<\infty)$$

で定義する．積分記号の前にマイナスの符号がつく理由は，複素球面上で考えると，C_r の向きが ∞ からみて逆向きになるからである．$z=\infty$ での $f(z)$ のローラン展開を

$$f(z)=\sum_{n=-\infty}^{-1}c_n z^n+\sum_{n=0}^{\infty}c_n z^n=\sum_{n=1}^{\infty}c_n z^n+\sum_{n=0}^{\infty}\frac{c_{-n}}{z^n}$$

とするとき

$$\mathrm{Res}\,(f,\infty)=-c_{-1}$$

が成り立つ．

注意 有限な点 a における留数が $\mathrm{Res}\,(f,a)=c_{-1}$ で，無限遠点における留数が $\mathrm{Res}\,(f,\infty)=-c_{-1}$ と一見似ているが，c_{-1} は a では極の部分 $\dfrac{c_{-1}}{z-a}$ の係数，∞ では正則部分 $\dfrac{c_{-1}}{z}$ の係数であることに注意する．とくに $f(z)$ が $z=\infty$ で正則であっても $\mathrm{Res}\,(f,\infty)=0$ とは限らない．厳密にいうと，留数は $f(z)\,dz$（微分形式という）に対して定義されるものである．

例題 4.4 次の関数の特異点と留数を調べよ．

（1） $f(z)=\dfrac{z-1}{(z+1)(z-3)^2}$ （2） $g(z)=z^4\sin\dfrac{1}{z}$

解答 (1) $z=-1$ が $f(z)$ の位数 1 の極で，$z=3$ が位数 2 の極である．それぞれの留数は

$$\text{Res}(f,-1) = \lim_{z \to -1}(z+1)f(z) = \lim_{z \to -1}\frac{z-1}{(z-3)^2} = -\frac{2}{16} = -\frac{1}{8},$$

$$\text{Res}(f,3) = \lim_{z \to 3}\frac{d}{dz}((z-3)^2 f(z)) = \lim_{z \to 3}\frac{d}{dz}\left(\frac{z-1}{z+1}\right)$$

$$= \lim_{z \to 3}\frac{2}{(z+1)^2} = \frac{2}{16} = \frac{1}{8}.$$

また分母が 3 次式，分子が 1 次式より $z=\infty$ は位数 2 の零点となる．したがって，$\text{Res}(f,\infty)=0$ である．

(2) $g(z)$ は環状領域 $0<|z|<\infty$ で正則．原点における $\sin z$ のテイラー展開を用いると，$z \neq 0$ のとき

$$z^4 \sin\frac{1}{z} = z^4\left(\frac{1}{z} - \frac{1}{3!\,z^3} + \frac{1}{5!\,z^5} - \frac{1}{7!\,z^7} + \cdots\right)$$

$$= z^3 - \frac{z}{3!} + \frac{1}{5!\,z} - \frac{1}{7!\,z^3} + \cdots$$

と表される．この展開式を $z=0$ からみると，主要部が無限個あるため $z=0$ は $g(z)$ の真性特異点，$z=\infty$ からみると，$z=\infty$ は位数 3 の極になることを表している．それぞれの留数は

$$\text{Res}(g,0) = c_{-1} = \frac{1}{5!} = \frac{1}{120}, \quad \text{Res}(g,\infty) = -c_{-1} = -\frac{1}{5!} = -\frac{1}{120}. \quad \blacksquare$$

問 4.15 次の関数の ∞ における留数を求めよ．

(1) $\dfrac{z-1}{z+1}$ (2) $\dfrac{z^2(z-1)}{(z+1)(z+2)}$ (3) $\dfrac{e^z}{1+z}$

定理 4.6（留数定理の拡張）

$f(z)$ は複素球面 $\hat{C}$ において有限個の孤立特異点を除いて正則とする．このとき $f(z)$ の留数の総和は 0 になる．

証明 有限の位置にある $f(z)$ の孤立特異点を $a_1, a_2, \cdots, a_n$ として，これらを

すべて含む円 $C: |z| = R$ をとる．このとき，留数定理より

$$\frac{1}{2\pi i}\int_C f(z)\,dz = \sum_{i=1}^{n} \operatorname{Res}(f, a_i)$$

が成り立つ．しかし，左辺は定義より $-\operatorname{Res}(f, \infty)$ でもある．したがって

$$\sum_{i=1}^{n} \operatorname{Res}(f, a_i) + \operatorname{Res}(f, \infty) = 0.$$

例題 4.5 複素積分 $\dfrac{1}{2\pi i}\int_C \dfrac{z^2-2z}{z^2+z+1}\,dz,\ C: |z| = 2$ の値を求めよ．

解答 $f(z) = \dfrac{z^2-2z}{z^2+z+1}$ は C の内部の点 $z_1 = \dfrac{-1+\sqrt{3}\,i}{2}$ と

$z_2 = \dfrac{-1-\sqrt{3}\,i}{2}$ でそれぞれ位数 1 の極をもち，その留数は

$$\operatorname{Res}(f, z_1) = \lim_{z \to z_1}(z-z_1)f(z) = \lim_{z \to z_1}\frac{z^2-2z}{z-z_2} = \frac{z_1^2-2z_1}{z_1-z_2} = \frac{-9-\sqrt{3}\,i}{6}$$

$$\operatorname{Res}(f, z_2) = \lim_{z \to z_2}(z-z_2)f(z) = \lim_{z \to z_2}\frac{z^2-2z}{z-z_1} = \frac{z_2^2-2z_2}{z_2-z_1} = \frac{-9+\sqrt{3}\,i}{6}$$

である．したがって，留数定理より

$$\frac{1}{2\pi i}\int_C \frac{z^2-2z}{z^2+z+1}\,dz = \operatorname{Res}(f, z_1) + \operatorname{Res}(f, z_2) = -3$$

となる．

また $f(z)$ は領域 $D: 2 < |z| < \infty$ で正則であるから，この積分の値は $-\operatorname{Res}(f, \infty)$ とも一致しなければならない．実際 $z = \dfrac{1}{\zeta}$ とおいて得られる関数

$$g(\zeta) = f\left(\frac{1}{\zeta}\right) = \frac{\dfrac{1}{\zeta^2}-2\dfrac{1}{\zeta}}{\dfrac{1}{\zeta^2}+\dfrac{1}{\zeta}+1} = \frac{-2\zeta+1}{\zeta^2+\zeta+1}$$

を $\zeta = 0$ でローラン展開（この場合テイラー展開と一致する）して，その ζ^1

$\left(=\dfrac{1}{z}\right)$ の係数を計算すると

$$c_{-1} = \lim_{\zeta \to 0} \frac{dg(\zeta)}{d\zeta} = \lim_{\zeta \to 0} \frac{2\zeta^2 - 2\zeta - 3}{(\zeta^2 + \zeta + 1)^2} = -3$$

となる．したがって，$-\mathrm{Res}(f, \infty) = -(-c_{-1}) = -3$ となる． ∎

問 4.16 次の積分の値を求めよ．
（1） $\dfrac{1}{2\pi i} \displaystyle\int_C \dfrac{z^2}{(z+1)(z-1)(z-3)}\, dz \quad C : |z| = 2$
（2） $\dfrac{1}{2\pi i} \displaystyle\int_C \dfrac{z^2 - 1}{z(z+1)^2}\, dz \quad C : |z| = 2$

♦ **零点と極の位数** ♦ 　関数 $f(z)$ が $z = a$ で位数 k の零点であれば，$f(z) = (z-a)^k \varphi(z)$, $\varphi(z)$ は $z = a$ で正則で $\varphi(a) \neq 0$, と表される．このとき

$$\frac{f'(z)}{f(z)} = \frac{k(z-a)^{k-1}\varphi(z) + (z-a)^k \varphi'(z)}{(z-a)^k \varphi(z)} = \frac{k}{z-a} + \frac{\varphi'(z)}{\varphi(z)}$$

となる．$\dfrac{\varphi'(z)}{\varphi(z)}$ は $z = a$ で正則なため，$\dfrac{f'(z)}{f(z)}$ は $z = a$ で位数 1 の極であり，その留数は k である．

また $f(z)$ が $z = a$ で位数 k の極であれば，$f(z) = \dfrac{\varphi(z)}{(z-a)^k}$, $\varphi(z)$ は $z = a$ で正則で $\varphi(a) \neq 0$, と表される．同様の計算を行うと

$$\frac{f'(z)}{f(z)} = \frac{-k(z-a)^{-k-1}\varphi(z) + (z-a)^{-k}\varphi'(z)}{(z-a)^{-k}\varphi(z)} = \frac{-k}{z-a} + \frac{\varphi'(z)}{\varphi(z)}$$

となり，$\dfrac{f'(z)}{f(z)}$ は $z = a$ で位数 1 の極であり，その留数は $-k$ となる．$f(z)$ が $z = a$ で正則で $f(a) \neq 0$ ならば，$\dfrac{f'(z)}{f(z)}$ も $z = a$ で正則になる．

関数の零点と極の数については，次の関係がある．

定理 4.7

$f(z)$ は単連結領域 D で定義されるとして，C を D 内の単純閉曲線とする．C 内の $f(z)$ の零点を $a_1, a_2, \cdots, a_m$，その位数をそれぞれ $k_1, k_2, \cdots, k_m$ とし，また極を $b_1, b_2, \cdots, b_n$，その位数をそれぞれ $l_1, l_2, \cdots, l_n$ とする．$f(z)$ はこれらの点を除き C 上の点を含め C 内で零点も極ももたないとする．このとき

$$\frac{1}{2\pi i} \int_C \frac{f'(z)}{f(z)} \, dz = M - N$$

が成り立つ．ただし，$M = k_1 + k_2 + \cdots + k_m$，$N = l_1 + l_2 + \cdots + l_n$ とする．

証明 留数定理を適用すると

$$\frac{1}{2\pi i} \int_C \frac{f'(z)}{f(z)} \, dz = \sum_{i=1}^{m} \mathrm{Res}\left(\frac{f'}{f}, a_i\right) + \sum_{i=1}^{n} \mathrm{Res}\left(\frac{f'}{f}, b_i\right)$$

であるが，これまでの議論より $\mathrm{Res}\left(\frac{f'}{f}, a_i\right) = k_i$，$\mathrm{Res}\left(\frac{f'}{f}, b_i\right) = -l_i$ となるからである． ■

問 4.17 ∞ についても同様に，∞ が $f(z)$ の位数 k の零点のとき $\mathrm{Res}\left(\frac{f'}{f}, \infty\right) = k$，位数 k の極のとき $\mathrm{Res}\left(\frac{f'}{f}, \infty\right) = -k$ が成り立つことを示せ．

定理 4.8 (ルーシェ (Rouché))

$\varphi(z)$ と $\psi(z)$ を単連結領域 D で正則として，D 内の単純閉曲線 C 上で $|\varphi(z) - \psi(z)| < |\varphi(z)|$ が成り立つとする．このとき，$\varphi(z)$ と $\psi(z)$ の C の内部の零点の個数は重複度をこめると同じである．

証明 まず $\varphi(z)$ と $\psi(z)$ が C 上に零点をもたないことに注意する．実際，z_0 が $\varphi(z)$ の零点とすると $|\psi(z_0)| < 0$ となり矛盾．z_0 が $\psi(z)$ の零点としても $|\varphi(z_0)| < |\varphi(z_0)|$ となり矛盾が生じる．

$\varphi(z)$ と $\psi(z)$ の C 内の重複をこめた零点の個数をそれぞれ N と M とする．$f(z) = \dfrac{\psi(z)}{\varphi(z)}$ とおいて定理 4.7 を適用すると，$\psi(z)$ の零点が $f(z)$ の零点，$\varphi(z)$ の零点が $f(z)$ の極となるから

$$\frac{1}{2\pi i}\int_C \frac{f'(z)}{f(z)}\,dz = M - N$$

となる．仮定より C 上の任意の点 z に対して $|1-f(z)| < 1$ であるから，C は写像 $w = f(z)$ により w 平面での円内 $|w-1| < 1$ に移される．ここでは対数関数を

$\log w = \log|w| + i\theta, \quad -\pi < \theta = \arg w \leqq \pi$

と選ぶと，$\log w$ は $|w-1| < 1$ で正則となる．このため $\log f(z)$ が定義できて，その微分は $\dfrac{d}{dz}\log f(z) = \dfrac{f'(z)}{f(z)}$ となる．すなわち，$\dfrac{f'(z)}{f(z)}$ は原始関数として $\log f(z)$ をもつことになり，複素積分の基本性質 (6) より左辺の積分は 0，したがって $M = N$ となる． ■

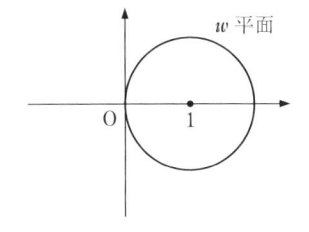

例題 4.6 方程式 $z^3 + 6z + 2 = 0$ の解は，円内 $|z| < 2$ に 1 個，円環内 $2 < |z| < 3$ に 2 個あることを示せ．

解答 $\varphi(z) = z^3$，$\psi(z) = z^3 + 6z + 2$ とおく．このとき $\varphi(z)$ は円内 $|z| < 3$ で 3 個の零点をもち，円周上 $|z| = 3$ では $|\varphi(z) - \psi(z)| = |6z + 2| < 6|z| + 2 = 20$ と $|\varphi(z)| = |z^3| = 27$ が成り立つ．したがって，$|z| < 3$ で $\psi(z) = 0$ の解が 3 個ある．

次に $\varphi(z) = z^3 + 6z$，$\psi(z) = z^3 + 6z + 2$ とおく．$z^3 + 6z = z(z + \sqrt{6}\,i)(z - \sqrt{6}\,i)$ より，$\varphi(z) = 0$ の $|z| < 2$ における解は 1 個．また円周上 $|z| = 2$ では $|\varphi(z) - \psi(z)| = 2$ と $|\varphi(z)| = |z||z^2 + 6| \geqq 2(6 - |z|^2) = 4$ が成り立つ．したがって，$|z| < 2$ における $\psi(z) = 0$ の解は 1 個，残りの 2 個は円環内 $2 < |z| < 3$ にある． ■

問 4.18 方程式 $z^4 - z^2 + 3z + 2 = 0$ の解はすべて円内 $|z| < 2$ にあることを示せ.

◆ **有理型関数** ◆　全平面 C で正則な関数を整関数といった．この概念を拡張して，C で有限個または無限個の極を除いて正則な関数を**有理型関数**という．有理関数 $\dfrac{b_0 + b_1 z + \cdots + b_n z^n}{a_0 + a_1 z + \cdots + a_m z^m}$ は明らかに有理型関数であるが，$\dfrac{e^z}{a_0 + a_1 z + \cdots + a_m z^m}$ や $\tan z$, $\dfrac{e^z}{\sin z}$ なども有理型関数になる．

有理関数は $z = \dfrac{1}{\zeta}$ とおき換えるとわかるように，$\zeta = 0$ すなわち $z = \infty$ でも極以外の特異点はもたない．逆に，有理型関数 $f(z)$ が $z = \infty$ で高々極をもつとする．このとき $f(z)$ の極は有限個になる．実際，極が無限個あるとすると，$\hat{C}$ は立体射影により球面 S と1対1に対応するため，∞ に収束する $f(z)$ の極の集合 $\{a_n\}_{n=0}^{\infty}$ が選べる．このとき，∞ は $f(z)$ の孤立特異点ではなくなり矛盾が生じる．

有理関数 $f(z)$ の ∞ 以外の極を $b_1, b_2, \cdots, b_n$ として，$b_{n+1} = \infty$ とおく．各 b_i における $f(z)$ のローラン展開の主要部を

$$P_i(z) = \sum_{k=1}^{m_i} \frac{c_{i,-k}}{(z-b_i)^k} \quad (1 \leq i \leq n),$$

$$P_{n+1}(z) = c_1 z + c_2 z^2 + \cdots + c_l z^l$$

と表して

$$g(z) = f(z) - P_1(z) - P_2(z) - \cdots - P_{n+1}(z)$$

とおく．このとき $g(z)$ は $b_1, b_2, \cdots, b_{n+1}$ 以外で正則で，かつ各 b_i ($1 \leq i \leq n+1$) は $g(z)$ の除去可能な特異点となる．したがって，$g(z)$ は複素球面 $\hat{C}$ 全体で正則な関数に拡張できて，極限 $\lim\limits_{z \to \infty} g(z) = c$ が存在する．リューヴィルの定理を適用すると $g(z) = c$（定数）でなければならない．結局

$$f(z) = P_1(z) + P_2(z) + \cdots + P_{n+1}(z) + c$$

と表されたことになる．これを $f(z)$ の**部分分数展開**ともいう．このとき，定数 c は多項式 $P_{n+1}(z)$ に繰り込んで考える．まとめると次の定理が成り立つ．

定理 4.9

無限遠点 ∞ も含めた複素球面 $\hat{C}$ で有理型な関数は有理関数に限る．また，有理関数は部分分数展開，すなわち定数を除き各極におけるローラン展開の主要部の和として表される．

例 4.4 $f(z) = \dfrac{z^4+2z^3+1}{z(z-1)^2}$ を部分分数に展開すると

$$\frac{z^4+2z^3+1}{z(z-1)^2} = z+4+\frac{1}{z}+\frac{4}{(z-1)^2}+\frac{6}{z-1}$$

となる．

問 4.19 次の関数を部分分数に展開せよ．

（1） $\dfrac{z}{(z-1)(z+2)}$ （2） $\dfrac{1}{(z+1)^2(z+3)}$ （3） $\dfrac{z^3}{z^2+4}$

4.3 定積分の計算への応用

◆ **定積分の計算への応用** ◆　微分積分学において定積分の値を求めることは一般に困難な場合が多い．3.2 節でも扱ったが，ここでは被積分関数を複素関数まで拡張して留数定理の適用を考える．このとき定積分が一気に計算できる場合がある．いくつか例をあげる．

例題 4.7 $I = \displaystyle\int_0^\infty \frac{1}{(x^2+1)^2}\,dx$ を求めよ．

解答 被積分関数は偶関数より，$\displaystyle\int_0^\infty \frac{1}{(x^2+1)^2}\,dx = \frac{1}{2}\int_{-\infty}^\infty \frac{1}{(x^2+1)^2}\,dx$ である．$f(z) = \dfrac{1}{(z^2+1)^2} = \dfrac{1}{(z+i)^2(z-i)^2}$ とおくと，i と $-i$ は $f(z)$ の位数 2 の極である．C_1 を原点を中心とする半径 $R>1$ の上半円，C_2 を実軸上の線分 $[-R, R]$ として，$C = C_1 + C_2$ 上の複素積分

$$\int_C \frac{1}{(z^2+1)^2}\,dz = \int_{C_1} \frac{1}{(z^2+1)^2}\,dz + \int_{C_2} \frac{1}{(z^2+1)^2}\,dz$$

を考える．C 内にある $f(z)$ の極は $z=i$ だけで，その点での留数は

$$\operatorname{Res}(f,i) = \lim_{z\to i}\frac{d}{dz}((z-i)^2 f(z)) = \lim_{z\to i}\frac{d}{dz}\left(\frac{1}{(z+i)^2}\right)$$

$$= \lim_{z\to i}\frac{-2}{(z+i)^3} = -\frac{i}{4}$$

である．したがって

$$\int_C \frac{1}{(z^2+1)^2}\,dz = 2\pi i\,\operatorname{Res}(f,i) = \frac{\pi}{2}$$

となる．ここで積分が R によらないことに注意する．一方

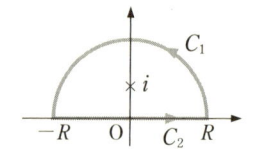

$$\int_{C_2}\frac{1}{(z^2+1)^2}\,dz = \int_{-R}^{R}\frac{1}{(x^2+1)^2}\,dx \to \int_{-\infty}^{\infty}\frac{1}{(x^2+1)^2}\,dx \quad (R\to\infty)$$

となる．また $z = Re^{i\theta}\ (0\le\theta\le\pi)$ とおくと

$$\left|\int_{C_1}\frac{1}{(z^2+1)^2}\,dz\right| \le \int_0^\pi \frac{R\,|ie^{i\theta}|}{|(z^2+1)^2|}\,d\theta$$

$$\le \int_0^\pi \frac{R}{(R^2-1)^2}\,d\theta = \frac{\pi R}{(R^2-1)^2} \to 0 \quad (R\to\infty)$$

が成り立つ．ここで，不等式 $0\le R^2-1 = |z|^2-1 \le |z^2+1|$ を使った．

したがって

$$I = \frac{1}{2}\int_{-\infty}^{\infty}\frac{1}{(x^2+1)^2}\,dx = \frac{\pi}{4}.\qquad\blacksquare$$

注意 この証明で最も重要な点は，$R\to\infty$ のとき $\left|\int_{C_1}\frac{1}{(z^2+1)^2}\,dz\right|\to 0$ が成り立つことである．一般に $f(z)$ が $z\to\infty$ で $z^2 f(z)$ が有界，すなわち $R<|z|$ のとき $|f(z)|\le \dfrac{M}{R^2}$ を満たす $M>0$ があれば

$$\left|\int_{C_1} f(z)\,dz\right| \le \int_{C_1}|f(z)|\,|dz| \le \frac{M}{R^2}\pi R \to 0 \quad (R\to\infty)$$

より

$$\lim_{R\to\infty}\int_{C_1} f(z)\,dz = 0$$

となる．

4.3 定積分の計算への応用

例題 4.8 $I = \int_{-\infty}^{\infty} \dfrac{\cos ax}{x^4+1}\, dx$ $(a>0)$ を求めよ.

解答 積分路 $C = C_1 + C_2$ は例題 4.7 と同じとする. $f(z) = \dfrac{e^{iaz}}{z^4+1}$ とおくと, 実軸上で $\mathrm{Re}\left(\dfrac{e^{iaz}}{z^4+1}\right) = \dfrac{\cos ax}{x^4+1}$ となる. $z = Re^{i\theta} = x+iy$ と表すと

$$\left|\int_{C_1} \frac{e^{iaz}}{z^4+1}\, dz\right| \le \int_{C_1} \frac{|e^{iaz}|}{|z^4+1|}\, |dz| \le \int_0^\pi \frac{e^{-ay}R}{R^4-1}\, d\theta \le \frac{\pi R}{R^4-1} \to 0 \quad (R \to \infty)$$

となる. ここで, $0 \le e^{-ay} \le 1$, $0 \le R^4-1 \le |z^4+1|$, $|dz| = R\, d\theta$ を用いた. $f(z)$ は複素平面で $z_1 = e^{\frac{\pi i}{4}}$, $z_2 = e^{\frac{3\pi i}{4}}$, $z_3 = e^{\frac{5\pi i}{4}}$, $z_4 = e^{\frac{7\pi i}{4}}$ の 4 つの極をもち, そのうち z_1, z_2 は C の内部にある. 位数はともに 1 であり, それぞれの留数は

$$\mathrm{Res}\,(f, z_1) = \lim_{z \to z_1} \left((z-z_1)\frac{e^{iaz}}{z^4+1}\right)$$
$$= \frac{e^{iaz_1}}{(z_1-z_2)(z_1-z_3)(z_1-z_4)}$$
$$= \frac{-1-i}{4\sqrt{2}}\, e^{-\frac{a}{\sqrt{2}}}\left(\cos\frac{a}{\sqrt{2}} + i\sin\frac{a}{\sqrt{2}}\right),$$

$$\mathrm{Res}\,(f, z_2) = \lim_{z \to z_2} \left((z-z_2)\frac{e^{iaz}}{z^4+1}\right)$$
$$= \frac{e^{iaz_2}}{(z_2-z_1)(z_2-z_3)(z_2-z_4)}$$
$$= \frac{1-i}{4\sqrt{2}}\, e^{-\frac{a}{\sqrt{2}}}\left(\cos\frac{a}{\sqrt{2}} - i\sin\frac{a}{\sqrt{2}}\right).$$

したがって

$$I = 2\pi i\{\mathrm{Res}\,(f, z_1) + \mathrm{Res}\,(f, z_2)\} = \frac{\pi}{\sqrt{2}}\, e^{-\frac{a}{\sqrt{2}}}\left(\cos\frac{a}{\sqrt{2}} + \sin\frac{a}{\sqrt{2}}\right). \quad \blacksquare$$

例題 4.9 $I = \int_0^{2\pi} \dfrac{d\theta}{5+3\cos\theta}$ を求めよ.

解答 $z = e^{i\theta}$ とおくと，$\cos\theta = \dfrac{1}{2}\left(z + \dfrac{1}{z}\right)$, $dz = ie^{i\theta}d\theta$. したがって $d\theta = \dfrac{dz}{iz}$. これらを与式に代入すると

$$I = \int_C \frac{\dfrac{dz}{iz}}{5 + \dfrac{3}{2}\left(z + \dfrac{1}{z}\right)} = \frac{2}{i}\int_C \frac{dz}{3z^2 + 10z + 3}, \quad C: |z| = 1$$

と表される．$f(z) = \dfrac{1}{3z^2 + 10z + 3}$ は $3z^2 + 10z + 3 = 0$ となる点，すなわち $z_1 = -\dfrac{1}{3}$ と $z_2 = -3$ で位数 1 の極をとる．このうち $|z| = 1$ の内部にあるのは z_1 である．留数定理を用いると

$$I = \frac{2}{i} \times 2\pi i \operatorname{Res}\left(f, -\frac{1}{3}\right) = 4\pi \lim_{z \to -1/3}\left(z + \frac{1}{3}\right)f(z)$$

$$= 4\pi \lim_{z \to -1/3} \frac{1}{3(z+3)} = \frac{\pi}{2}.$$

問 4.20 次の定積分の値を求めよ．
(1) $\displaystyle\int_0^\infty \frac{dx}{x^2+9}$　(2) $\displaystyle\int_{-\infty}^\infty \frac{dx}{x^4+1}$　(3) $\displaystyle\int_0^{2\pi} \frac{d\theta}{2+\cos\theta}$
(4) $\displaystyle\int_0^{2\pi} \frac{d\theta}{(2+\cos\theta)^2}$

=============== 練 習 問 題 4 ===============

[A]

1. $f(z) = \dfrac{z}{(z-1)(z-2)}$ を次の領域でローラン展開せよ．
(1) $|z| < 1$　(2) $1 < |z| < 2$　(3) $2 < |z| < \infty$

2. $f(z) = \dfrac{z^5}{(z-1)^2(z+1)}$ の $z = 1$, $z = -1$, $z = \infty$ におけるローラン展開の主要部をそれぞれ求めよ．

3. 次の関数を与えられた領域でローラン展開せよ．

(1) $\dfrac{1}{z(z+1)}$ $(1<|z|)$ (2) $\dfrac{1}{z(z+1)}$ $(0<|z+1|<1)$

(3) $\dfrac{z+1}{z(z-1)^2}$ $(0<|z-1|<1)$ (4) $z^3\cos\dfrac{1}{z}$ $(0<|z|<\infty)$

4. 1次変換 $w=\dfrac{z-i}{z+i}$ により，実軸，虚軸，円 $|z|=1$ はそれぞれどこに移るか．

5. 次の条件を満たす1次変換 $w=T(z)$ を求めよ．

(1) $z=1,i,2$ を $w=-1,1,i$ に移す．

(2) $z=0,1,-3$ を $w=-2,i,3i$ に移す．

6. 1次変換 $w=T(z)=\dfrac{z-3}{2z-1}$ により不変，すなわち $a=T(a)$ が成り立つ点を求めよ．

7. $f(z)=\dfrac{z^3}{(z+2)^2(z^2+1)}$ に対して，次を求めよ．

(1) Res$(f,-2)$ (2) Res(f,i) (3) Res(f,∞)

8. 次の関数の ∞ も含めた特異点を調べ，その点における留数を求めよ．

(1) $\dfrac{1}{z^3+3z}$ (2) $\dfrac{z}{(z+5)^3(z+2)}$ (3) $\dfrac{e^z}{z^2+\pi^2}$

(4) $\dfrac{\cosh\pi z}{(z^2+1)^2}$ (5) $\dfrac{z^{2n}}{(z+1)^{n+1}}$ $(n\geq 0)$ (6) $\tan z$

9. 方程式 $z^4+3z^2+z+1=0$ の解は，円内 $|z|<1$ に2個，円環内 $1<|z|<2$ に2個あることを示せ．

10. $|z|<2$ で $e^z=z^3$ の解が3個あることを示せ．

11. 次の関数を複素数の範囲で部分分数展開せよ．

(1) $\dfrac{z}{(z-1)(z-2)}$ (2) $\dfrac{z^3+1}{(z-3)(z+4)}$ (3) $\dfrac{1}{(z+3)^2(z+1)}$

(4) $\dfrac{z}{(z^2+1)(z-1)}$ (5) $\dfrac{2z+1}{(z^2+1)^2}$

12. 次の積分の値を求めよ．

(1) $\dfrac{1}{2\pi i}\displaystyle\int_C \dfrac{2z+1}{(z^2+1)(z-3)}\,dz$ $C:|z|=2$

(2) $\dfrac{1}{2\pi i}\displaystyle\int_C \dfrac{z^3}{(2z+1)(z-1)^2}\,dz$ $C:|z|=2$

(3) $\dfrac{1}{2\pi i}\displaystyle\int_C \dfrac{z^2}{z^4-1}\,dz$ $C:|z-1-i|=2$

(4) $\dfrac{1}{2\pi i}\displaystyle\int_C \dfrac{z^4}{z^3-1}\,dz$ $C:|z+3|=3$

13. 次の定積分の値を求めよ．

(1) $\displaystyle\int_{-\infty}^{\infty} \frac{1}{x^2-x+1}\,dx$ (2) $\displaystyle\int_{0}^{\infty} \frac{x^2}{x^4+1}\,dx$

(3) $\displaystyle\int_{-\infty}^{\infty} \frac{1}{(x^2+1)(x^2+4)}\,dx$

(4) $\displaystyle\int_{0}^{2\pi} \frac{1}{3+\sin\theta}\,d\theta$ (5) $\displaystyle\int_{0}^{2\pi} \frac{1}{(3+\sin\theta)^2}\,d\theta$

[B]

1. $f(z) = \dfrac{z}{e^z-1}$ について

(1) $z=0$ は $f(z)$ の除去可能な特異点であることを示せ．

(2) $f(z) = \displaystyle\sum_{n=0}^{\infty} \frac{B_n}{n!} z^n$ とおくとき，B_0, B_1, B_2, B_3 を求めよ．

(3) $B_{2n+1} = 0\ (n \geqq 1)$ となることを示せ（B_n は n 次ベルヌイ数と呼ばれる）．

2. a,b,c,d は実数で $ad-bc>0$ を満たすとする．このとき1次変換 $w = \dfrac{az+b}{cz+d}$ は，z 平面の領域 $\operatorname{Im} z > 0$（上半平面という）を w 平面の領域 $\operatorname{Im} w > 0$ に移すことを示せ．

3. 1次変換 $w = \lambda \dfrac{z-a}{z-\bar{a}}$ $(|\lambda|=1,\ \operatorname{Im} a > 0)$ は，z 平面の領域 $\operatorname{Im} z > 0$ を w 平面の領域 $|w| < 1$ に移すことを示せ．

4. n 次多項式 $P(z)$ に対し，実数 R を十分大きくとると
$$\frac{1}{2\pi i}\int_C \frac{P'(z)}{P(z)}\,dz = n, \quad C: |z| = R$$
が成り立つことを示せ．また，これより代数学の基本定理を確かめよ．

5. $f(z)$ と $g(z)$ は $z=a$ において正則で，かつ $f(z)$ は $z=a$ で位数 1 の零点，$g(a) \neq 0$ とする．このとき，次が成り立つことを示せ．
$$\operatorname{Res}\left(\frac{g(z)}{f(z)}, a\right) = \frac{g(a)}{f'(a)}$$

問題の解答とヒント

第1章

問 1.2 （1） $11-7i$　（2） $-13+13i$　（3） $\dfrac{5}{29}$

（4） $\dfrac{1}{3}-\dfrac{2}{3}i$　（5） 1

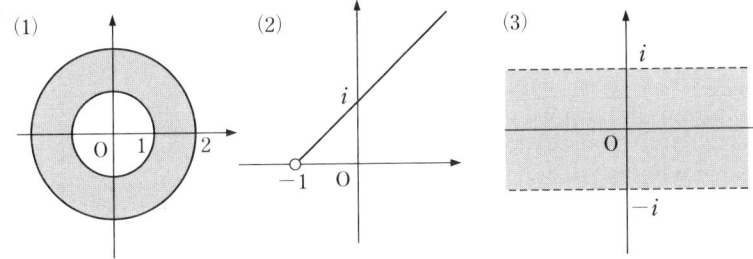

問 1.3 $0, \pm\sqrt{3}$

問 1.6

(1) (2) (3)

問 1.7 $\dfrac{z+1}{z}=\dfrac{1-i}{-i}t=(1+i)t\,(t\in\mathbf{R})$ から $\arg\dfrac{z+1}{z}=\dfrac{\pi}{4}$ または $\dfrac{5}{4}\pi$.

問 1.8 （1） $\cos\dfrac{3}{2}\pi+i\sin\dfrac{3}{2}\pi$　（2） $2\left(\cos\dfrac{2}{3}\pi+i\sin\dfrac{2}{3}\pi\right)$

（3） $2\left(\cos\dfrac{7}{4}\pi+i\sin\dfrac{7}{4}\pi\right)$

問 1.9 （1） 1　（2） $5\sqrt{5}$　（3） $\dfrac{1}{\sqrt{2}}$

問 1.12 （1） $3\sqrt{2}$　（2） $\sqrt{53}$

問 1.14 （1） $2e^{\pi i}$　（2） $\sqrt{5}\,e^{\frac{\pi}{2}i}$　（3） $6e^{\frac{\pi}{6}i}$

問 1.16 $e^{\frac{2k\pi i}{5}}\;(k=0,1,2,3,4)$

問 1.17 （1） $\sqrt[4]{2}\,e^{\frac{k\pi i}{8}}\;(k=1,9)$　（2） $e^{\frac{k\pi i}{6}}\;(k=1,5,9)$

（3） $e^{\frac{k\pi i}{4}}\;(k=1,3,5,7)$

問 1.18 （1） $2x^2-2y^2+y+i(4xy-x)$　（2） $\dfrac{x^2+y^2-1}{x^2+(y+1)^2}+i\dfrac{-2x}{x^2+(y+1)^2}$

（3） $\dfrac{x^3-3xy^2}{(x^2+y^2)^3}+i\dfrac{-3x^2y+y^3}{(x^2+y^2)^3}$

問 1.19 2つの放物線の交点は $(u_0, v_0)=(a^2-b^2, \pm 2ab)$．交点における接線の傾きはそれぞれ $-\dfrac{2a^2}{v_0}, \dfrac{2b^2}{v_0}$．

問 1.20 z 平面上の直角双曲線 $x^2-y^2=c$, $xy=\dfrac{d}{2}$ がそれぞれ $u=c$, $v=d$ に移る．

問 1.21 （1） $-\dfrac{i}{2}$　（2） 存在しない　（3） 0

問 1.23 $\overline{f(z)-f(a)}=\overline{f(z)}-\overline{f(a)}=|f(z)-f(a)|,\ ||f(z)|-|f(a)||\leq |f(z)-f(a)|$ を用いる．

問 1.24 任意の $\varepsilon>0$ に対して，整数 N が存在して $n>N$ ならば $|z_n-a|<\varepsilon$. $M=\max\{|z_1|,\cdots,|z_N|,|a|+\varepsilon\}$ とおけばよい．

問 1.25 （1） -1　（2） 0　（3） 0

問 1.27 （1） 部分和の定義から $z_n=s_n-s_{n-1}\to 0$.

問 1.29 （　）内を $2\left(\dfrac{1}{n}-\dfrac{1}{n+1}\right)+i\left(\dfrac{1}{n+1}-\dfrac{1}{n+2}\right)$ と変形して，$2+\dfrac{1}{2}i$.

問 1.30 （1） $\sum\dfrac{1}{n}$ は発散するから，収束しない．

（2） $\left|\dfrac{e^{in}}{n^3}\right|=\dfrac{1}{n^3}$ より収束　（3） $\left|\dfrac{1}{n^2+i}\right|<\dfrac{1}{n^2}$ より収束

問 1.31 実部と虚部は収束する交項級数である．

問 1.32 $|z|<1$ のとき 1，$|z|=1$ のとき $\dfrac{1}{2}$，$|z|>1$ のとき 0．

問 1.33 $\dfrac{1}{n^2+|z|}\leq \dfrac{1}{n^2}$

問 1.34 （1） 1　（2） ∞　（3） 1

練習問題 1

[A]

1. （1） $2+19i$　（2） $10-4i$　（3） $\dfrac{3}{2}-\dfrac{7}{2}i$　（4） $-\dfrac{7}{25}+\dfrac{1}{25}i$

2. （1） 16　（2） $-\dfrac{33}{25}+\dfrac{56}{25}i$　（3） 56　（4） $-\dfrac{2}{17}+\dfrac{26}{17}i$

（5） $-\dfrac{26}{25}+\dfrac{7}{25}i$

3. （1）$\sqrt{5}\,e^{\pi i}$ （2）$\sqrt{3}\,e^{\frac{\pi}{2}i}$ （3）$4e^{\frac{\pi}{6}i}$ （4）$\frac{1}{3}e^{\frac{4}{3}\pi i}$

4. （1）125 （2）32 （3）2 （4）$15\sqrt{2}$ （5）$10\sqrt{13}$

5. $\dfrac{1+\sqrt{3}\,i}{1+i} = \sqrt{2}\left(\cos\dfrac{\pi}{3}+i\sin\dfrac{\pi}{3}\right)\left(\cos\dfrac{\pi}{4}-i\sin\dfrac{\pi}{4}\right)$ から $\cos\dfrac{\pi}{12} = \dfrac{\sqrt{3}+1}{2\sqrt{2}}$,
$\sin\dfrac{\pi}{12} = \dfrac{\sqrt{3}-1}{2\sqrt{2}}$.

6. 与式を $z^2-6z+13\,(=0)$ で割る．（1）3 （2）$-12-6i$

7. （1）$\dfrac{1}{2}(\pm 1\pm\sqrt{3}\,i)$ （2）$\pm i,\ \dfrac{1}{2}(\pm\sqrt{3}\pm i)$ （3）$\sqrt[3]{2}\,e^{\left(\frac{1}{4}+\frac{2}{3}n\right)\pi i}$ と書けるから，$\dfrac{1}{\sqrt[3]{2}}(1+i),\ \dfrac{1}{2\sqrt[3]{2}}(-1+\sqrt{3}-(\sqrt{3}+1)i),\ \dfrac{1}{2\sqrt[3]{2}}(-1-\sqrt{3}+(\sqrt{3}-1)i)$.

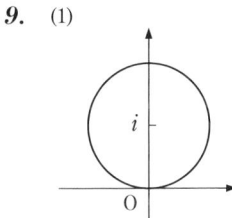

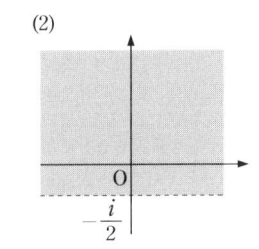

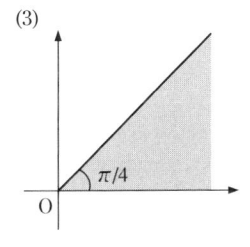

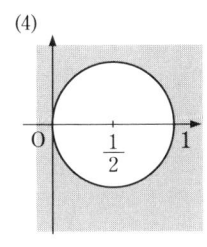

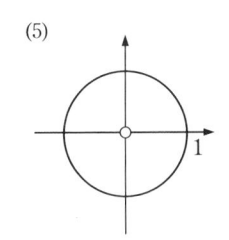

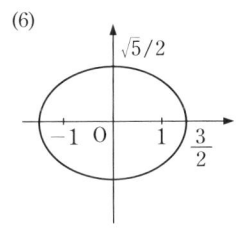

9. (1) (2) (3) (4) (5) (6)

単位円と原点を除く実軸　　-1 と 1 を焦点とする楕円

10. $|1-zw| = |z\bar{z} - zw| = |z||\bar{z}-w| = |\overline{z-w}| = |z-w|$

11. $|1-z\bar{w}|^2 - |z-w|^2 = (1-z\bar{w})(1-\bar{z}w) - (z-w)(\bar{z}-\bar{w})$
$= (1-|z|^2)(1-|w|^2) > 0$

14. $0 = \overline{f(\alpha)} = \overline{a_0\alpha^n + a_1\alpha^{n-1} + \cdots + a_n} = a_0\bar{\alpha}^n + a_1\bar{\alpha}^{n-1} + \cdots + a_n$

15. 線形代数から

平面上の 3 点 $(x_k, y_k)\ (k=1,2,3)$ が同一直線上にある $\iff \begin{vmatrix} x_1 & x_2 & x_3 \\ y_1 & y_2 & y_3 \\ 1 & 1 & 1 \end{vmatrix} = 0$

$$\iff \begin{vmatrix} \frac{1}{2}(z_1+\overline{z_1}) & \frac{1}{2}(z_2+\overline{z_2}) & \frac{1}{2}(z_3+\overline{z_3}) \\ \frac{1}{2i}(z_1-\overline{z_1}) & \frac{1}{2i}(z_2-\overline{z_2}) & \frac{1}{2i}(z_3-\overline{z_3}) \\ 1 & 1 & 1 \end{vmatrix} = 0 \iff \begin{vmatrix} z_1 & z_2 & z_3 \\ \overline{z_1} & \overline{z_2} & \overline{z_3} \\ 1 & 1 & 1 \end{vmatrix} = 0$$

16. 開集合は (2), (3), (4), 閉集合は (5), 領域は (3)

17. $w = z + \dfrac{1}{z} = u + iv$, $z = 2e^{i\theta}$ として $u = \dfrac{5}{2}\cos\theta$, $v = \dfrac{3}{2}\sin\theta$ から楕円 $\dfrac{u^2}{\left(\dfrac{5}{2}\right)^2} + \dfrac{v^2}{\left(\dfrac{3}{2}\right)^2} = 1$ に移る.

18. $|z-1| = \dfrac{|1-w|}{|w|}$ から $|w| = |1-w|$ となって直線 $u = \dfrac{1}{2}$ を得る.

19. (1) $\bar{z} + iz$ (2) $z^2 + \bar{z}^2 + z\bar{z}$ (3) $z\bar{z}^2$ (4) $\dfrac{\bar{z}}{z-1}$

20. (1) -1 (2) 3 (3) ∞ (4) 存在しない (5) $|z| < 1$ のとき 0, $|z| > 1$ のとき ∞, $|z| = 1$, $z \neq 1$ のとき存在しない, $z = 1$ のとき 1.

21. たとえば, $||z| - |a|| \leq |z - a|$ より $\lim\limits_{z \to a} |z| = |a|$.

22. (1) $\lim\limits_{z \to 0} \dfrac{\operatorname{Im} z}{|z|}$ は存在しないから連続ではない.

(2) $\dfrac{|z \operatorname{Re} z|}{|z|} = |x| \leq |z| \to 0$ から連続になる.

23. (1) i (2) $e^2 + ie^{-2}$

(3) $\lim\limits_{n \to \infty} n\left(1 - \cos\dfrac{\pi}{n}\right) = 0$, $\lim\limits_{n \to \infty} n\sin\dfrac{\pi}{n} = \pi$ より πi.

24. (1) 収束, 和は $\dfrac{1}{1 - \dfrac{1+i}{3}} = \dfrac{6}{5} + \dfrac{3}{5}i$ (2) $\left|\dfrac{(1+i)^n}{n}\right| = \dfrac{\sqrt{2}^n}{n}$ から収束しない. (3) 収束, 和は $\dfrac{1}{\left(1 - \dfrac{i}{2}\right)^2} = \dfrac{12}{25} + \dfrac{16}{25}i$

25. (1) $\sqrt{5}$ (2) e (3) $\dfrac{1}{2}$ (4) $\dfrac{1}{3}$ (5) e

26. (1) 収束半径は ∞ であるから全平面 C (2) $|z+i| \leq 3$
(3) 全平面 C

27. (1) $n \geq 3$, $1 < |z| < 2$ のとき $|n^2 + z^2| \geq n^2 - |z|^2 \geq n^2 - 4 > \dfrac{1}{2}n^2$.

(2) $\left|\dfrac{\cos n|z|}{n^3}\right| \leqq \dfrac{1}{n^3}$.

[B]
1. 平面上の円は $p(x^2+y^2)+2sx+2ty+q=0$ で表される．これを $z=x+iy$ の式で表して $s+it=a$ とおく．
2. 条件式から $\dfrac{z_1-z_2}{z_3-z_2}=\dfrac{z_2-z_3}{z_1-z_3}$, $\dfrac{z_2-z_1}{z_3-z_1}=\dfrac{z_1-z_3}{z_2-z_3}$. これから $\angle z_1z_2z_3=\angle z_2z_3z_1=\angle z_3z_1z_2$.
3. $|z|\leqq 1$ ならば，$|z^3+3z|\leqq |z|^3+3|z|\leqq 4$.
4. (1) $k<r<1$ となる r に対して，ある自然数 N がとれて，$|z_{n+1}|<r|z_n|$ ($N\leqq n$) より $|z_n|\leqq |z_N|r^{-N}|r^n$ で $\sum r^n$ は収束する．
5. $z_n=x_n+iy_n$, $\sum z_n$ が収束するから $\sum x_n$ は収束して，$x_n>0$ より $\sum x_n^2$ も収束する．$\sum z_n^2=\sum\{(x_n-y_n)^2+2ix_ny_n\}$ が収束するから $\sum(x_n-y_n)^2$, $\sum x_ny_n$ が収束する．よって，$\sum y_n^2$ が収束することになって，$\sum |z_n|^2=\sum(x_n^2+y_n^2)$ も収束する．
6. 任意の $\varepsilon>0$，任意の $z\in A$ に対して，自然数 n がとれて $|f_n(z)-f(z)|<\varepsilon/3$. $f_n(z)$ の連続性より $\delta>0$ が存在して，$|z-a|<\delta$ ($z\in A$) ならば $|f_n(z)-f_n(a)|<\varepsilon/3$. よって，$|z-a|<\delta$ のとき
$$|f(z)-f(a)|\leqq |f(z)-f_n(z)|+|f_n(z)-f_n(a)|+|f_n(a)-f(a)|<\varepsilon.$$
7. $|z|\leqq r<1$ に対して，$\left|\dfrac{1-z^n}{1+z^n}-1\right|=\dfrac{2|z|^n}{|1+z^n|}\leqq \dfrac{2r^n}{1-r^n}\to 0$.

$|z|\geqq R>1$ に対して，$\left|\dfrac{1-z^n}{1+z^n}+1\right|=\dfrac{2}{|1+z^n|}\leqq \dfrac{2}{R^n-1}\to 0$.
8. $\dfrac{\sqrt{5}-1}{2}$.
9. (1) $|z|<1$：$|z|=1$ では $\lim\limits_{n\to\infty}|(n+i)^2 z^n|=\infty$ から収束しない．

(2) $|z|<1$, $z=1$

(3) $|z|<1$, $|z|>1$：問題 [B] 4(1) を用いる．$z=\dfrac{1}{w}$ とおけば $|z|>1$ でも収束することがわかる．$|z|=1$ では $\left|\dfrac{z^n}{1+z^{2n}}\right|\geqq \dfrac{|z|^n}{1+|z|^{2n}}=\dfrac{1}{2}$.

第2章

問 2.1 (1) $3z^2+3$, C (2) $-\dfrac{2z+3}{z^4}$, $C-\{0\}$

(3) $1-\dfrac{4z}{(z^2+1)^2}$, $C-\{i,-i\}$

問 2.3 (1) 正則 (2) 正則でない (3) 正則でない

問 2.4 (1) $a=3$, $b=-2$ (2) $a=1$, $b=-1$, $c=-2$, $d=2$

問 2.5 $\mathrm{Re}\,f=u=$ 定数 のとき, $u_x=u_y=0$. コーシー–リーマンより $v_x=v_y=0$.

問 2.6 z^3+c

問 2.7 $\displaystyle\sum_{n=1}^{\infty} nz^{n-1}=\dfrac{1}{(1-z)^2}$ を項別微分して

$$\sum_{n=2}^{\infty} n(n-1)z^{n-2}=\sum_{n=1}^{\infty}(n+1)nz^{n-1}=\dfrac{2}{(1-z)^3}$$

問 2.8 (1) $-\dfrac{\sqrt{2}}{2}-\dfrac{\sqrt{2}}{2}i$ (2) $e(\cos 1+i\sin 1)$ (3) $-\sqrt{e}$

問 2.10 $e^{z+\omega}=e^z$ ならば $e^\omega=e^{\alpha+i\beta}=e^\alpha(\cos\beta+i\sin\beta)=1$ より $\alpha=0$, $\beta=2n\pi$.

問 2.11 $e^{\log z}=e^{\log r+i(\theta+2n\pi)}=re^{i(\theta+2n\pi)}=z$, $\log e^z=\log e^x+i(y+2n\pi)$

問 2.12 (1) $\left(\dfrac{3}{2}+2n\right)\pi i$ (2) $1+2n\pi i$ (3) $\log 2+\left(\dfrac{1}{6}+2n\right)\pi i$

(4) $\log 2+\dfrac{\pi}{6}i$

問 2.13 (1) $e^{2\sqrt{3}\,n\pi i}$ (2) $e^{\frac{1+4n}{6}\pi i}$ より $\dfrac{\pm\sqrt{3}+i}{2}$, $-i$ (3) $e^{-\left(\frac{1}{2}+2n\right)\pi}$

(4) $e^{-(2n+1)\pi}$

問 2.14 (iii) $\cos(z+\omega)-\cos z=-2\sin\left(z+\dfrac{\omega}{2}\right)\sin\dfrac{\omega}{2}=0$ から $\sin\dfrac{\omega}{2}=0$.

問 2.15 (1) $\dfrac{1}{2}(e-e^{-1})i$ (2) $-\dfrac{1}{2}(e^\pi-e^{-\pi})$ (3) $\dfrac{1-e^2}{1+e^2}$

問 2.17 $e^{2iz}=1$ より $z=n\pi$

問 2.18 $\cos(x+iy)=\cos x\cos iy-\sin x\sin iy$ から $u=\dfrac{1}{2}(e^y+e^{-y})\cos x$, $v=-\dfrac{1}{2}(e^y-e^{-y})\sin x$.

練習問題 2

[A]

1. (1) 正則でない (2) 原点を除き正則 (3) 正則でない
(4) 正則でない

2. (1) $3z^2-4z$ (2) ie^{iz}

問題の解答とヒント　109

3. （1） $-\dfrac{2i}{(z-i)^2}$　（2） $e^{\sin z}\cos z$　（3） $\dfrac{1}{\cos^2 z}$　（4） $3^{iz}i\log 3$

4. （1） $e^{\sqrt{3}\left(\frac{1}{2}+2n\right)\pi i}$　（2） $e^{-2n\pi}$　（3） $\cos\left(\dfrac{1}{2}+2n\right)$

　　（4） $\pm e^{\frac{\pi i}{8}}, \pm e^{\frac{5}{8}\pi i}$　（5） $-\left(\dfrac{1}{2}+2n\right)\pi+2m\pi i$

　　（6） $e^{\left(\frac{1}{4}+2n\right)\pi}\{(\cos\log\sqrt{2}+\sin\log\sqrt{2})+i(\cos\log\sqrt{2}-\sin\log\sqrt{2})\}$

　　（7） $\dfrac{\sqrt{2}}{4}\left\{e+\dfrac{1}{e}+\left(e-\dfrac{1}{e}\right)i\right\}$　（8） $\dfrac{1}{2}\left(e^3-\dfrac{1}{e^3}\right)$

　　（9） $\log\dfrac{1}{2}\left(e-\dfrac{1}{e}\right)+\left(\dfrac{1}{4}+2n\right)\pi i$　（10） $\cos 1$

5. （1） $\log 2+iy$　（y は任意の実数）　（2） $\left(\dfrac{1}{4}+n\right)\pi i$　（3） 1

　　（4） $\pm\sqrt{n\pi}(1+i)$ $(n\geq 0)$, $\pm\sqrt{-n\pi}(1-i)$ $(n<0)$

6. （1） $2n\pi+i\log(2\pm\sqrt{3})$　（2） $n\pi+i\log(\sqrt{2}+(-1)^n)$　（3） $n\pi i$

7. （1） $e^{2x}(x\cos 2y-y\sin 2y)+ie^{2x}(x\sin 2y+y\cos 2y)$

　　（2） $e^{x^2-y^2}\cos 2xy+i(e^{x^2-y^2}\sin 2xy)$　（3） $\sinh x\cos y+i\cosh x\sin y$

8. （1） $\mathrm{Re}\,z>0$　（2） 問 2.20 より $\cos x\sinh y=0$ すなわち

　　$x=\left(n+\dfrac{1}{2}\right)\pi$ または $y=0$ となり $\mathrm{Re}\,z=\left(n+\dfrac{1}{2}\right)\pi$ または実数

　　（3） $\mathrm{Im}\,z=\left(n+\dfrac{1}{2}\right)\pi$

9. $3a+c=b+3d=0$, $dx^3-cx^2y+bxy^2-ay^3+C$　（C は実数の定数）

11. 任意定数は省略．（1） iz^2, x^2-y^2

　　（2） z^3+3iz^2-3z, $3x^2y+3x^2-y^3-3y^2-3y$　（3） $\log z$, $\tan^{-1}\dfrac{y}{x}$

　　（4） ze^z, $e^x(x\sin y+y\cos y)$　（5） $-i\sin z$, $-\sin x\cosh y$

12. $\tan(z+\omega)=\tan z$ とすれば $\tan\omega=\dfrac{\sin\omega}{\cos\omega}=0$ より $\omega=n\pi$.

13. 導関数は $\dfrac{1}{\cosh^2 z}$, 基本周期は πi.

14. （1） $|z^a|=|e^{a\log z}|=|e^{a\log|z|+ia(\arg z+2n\pi)}|=|z|^a$

　　（2） $|b^z|=|e^{(x+iy)(\log b+2n\pi i)}|=e^{x\log b-2n\pi y}=b^x e^{-2n\pi y}$

15. $w=e^z=e^x\cos y+ie^x\sin y=u+iv$ で $x=a$ とおき y を消去すると円 $u^2+v^2=e^{2a}$ に移る．$\mathrm{Re}\,z>0$ は $u^2+v^2=e^{2x}>1$ より単位円の外部 $|w|>1$ に移る．

16. $w=\sin z=\sin x\cosh y+i\cos x\sinh y=u+iv$ で $x=a$ として y を消去

すれば $\dfrac{u^2}{\sin^2 a}-\dfrac{v^2}{\cos^2 a}=1$ に移る． $y=b$ は $\dfrac{u^2}{\cosh^2 b}+\dfrac{u^2}{\sinh^2 b}=1$ に移る．

[B]

1. $|f(z)|^2=u^2+v^2$, $|f'(z)|=u_x^2+v_x^2$ （1） 左辺 $=\begin{vmatrix} u_x & v_x \\ -v_x & u_x \end{vmatrix}=u_x^2+v_x^2$

（2） 左辺 $=2\{u_x^2+v_x^2+u_y^2+v_y^2+u(u_{xx}+u_{yy})+v(v_{xx}+v_{yy})\}$
$=4(u_x^2+v_x^2)$

（3） （2）を用いる．

2. $D_1 \ni z$, $z+h$ ならば $\bar{z}$, $\bar{z}+\bar{h} \in D$．
$$\lim_{h\to 0}\overline{\dfrac{f(\overline{z+h})-f(\bar z)}{h}}=\lim_{\bar h\to 0}\overline{\left(\dfrac{f(\bar z+\bar h)-f(\bar z)}{\bar h}\right)}=\overline{f'(\bar z)}.$$

3. $f=u+iv$, $e^f=e^u(\cos v+i\sin v)=U+iV$, $U_x=e^u\cos v\cdot u_x-e^u\sin v\cdot v_x$ などの式に $u_x=v_y$, $u_y=-v_x$ を用いれば $U_x=V_y$, $U_y=-V_x$.

4. $u_\theta=u_x x_\theta+u_y y_\theta=u_x(-r\sin\theta)+u_y(r\cos\theta)=-r(v_x\cos\theta+v_y\sin\theta)$
$=-r(v_x x_r+v_y y_r)=-rv_r$

5. $\varphi_x=u_{yx}-v_{xx}=u_{xy}+v_{yy}=\psi_y$, $\varphi_y=u_{yy}-v_{xy}=-u_{xx}-v_{yx}=-\psi_x$

6. $\sum_{n=1}^{\infty} nz^{n-1}=\dfrac{1}{(1-z)^2}$ より，$\sum_{n=1}^{\infty} nz^n=\dfrac{z}{(1-z)^2}$．この両辺を微分して

$\sum_{n=1}^{\infty} n^2 z^{n-1}=\dfrac{1+z}{(1-z)^3}$ に z をかければよい．

7. （1） 左辺 $=\cos(iz_1+iz_2)$ を展開する． （3） 問 2.20 を用いる．

8. （1） $|\sin z|=\left|\dfrac{e^{iz}-e^{-iz}}{2i}\right|\leq \dfrac{1}{2}(|e^{iz}|+|e^{-iz}|)=\dfrac{1}{2}(e^{-y}+e^y)\leq e^{|y|}$,

$|\sin z|\geq \dfrac{1}{2}||e^{iz}|-|e^{-iz}||=\dfrac{1}{2}|e^{-y}-e^y|\geq |y|$

（2） 上の問題 7(3) と $|\cos z|\leq \dfrac{1}{2}(|e^{iz}|+|e^{-iz}|)=\dfrac{1}{2}(e^{-y}+e^y)$ による．

（3） $|e^z-1-z|=\left|\sum_{n=2}^{\infty}\dfrac{z^n}{n!}\right|\leq \sum_{n=2}^{\infty}\dfrac{|z|^n}{n!}\leq \sum_{n=2}^{\infty}\dfrac{|z|}{n!}=(e-2)|z|<\dfrac{3}{4}|z|$

9. 一般には成り立たない．たとえば，$i^i=e^{-(\frac{1}{2}+2n)\pi}$, $i^{1-i}=e^{(1-i)\log i}=ie^{(\frac{1}{2}+2m)\pi}$ から $i^i\cdot i^{1-i}=ie^{2(m-n)\pi}$, $i^{i+1-i}=i^1=i$. $m \neq n$ ならば成り立たない．

10. $\operatorname{Im} b\log|a|+\operatorname{Re} b(\arg a+2n\pi)$ が π の倍数のとき．

第3章

問 3.1 （1） $z(t) = 1-t+ti$ （$0 \leq t \leq 1$） （2） $-\dfrac{5}{6}+\dfrac{1}{6}i$

問 3.2 （1） $\dfrac{1}{2}+6i$ （2） $\dfrac{7}{3}(2+11i)$

問 3.3 順に $2\pi i, 0, -4\pi$

問 3.4 順に $\dfrac{5}{2}, \dfrac{5}{2}-2i, \dfrac{5}{2}+\dfrac{2}{3}i$

問 3.5 （1） $\sin(1+i)$ （2） $-1+3i$ （3） $\dfrac{1}{2}(e^{2i}-1)$

問 3.6 （1） $-2\pi i$ （2） 0 （3） $\pi r^2 i$

問 3.7 $C_1: z=1+it$, $C_2: z=-t+i$, $C_3: z=-1-it$, $C_4: z=t-i$ （$-1\leq t\leq 1$）として，積分を4つの部分に分けて計算する．（1） 0 （2） $4i$ （3） 0 （4） $2\pi i$

問 3.8 （1） 0 （2） $-2\pi i$

問 3.9 （1） $-2\pi i$ （2） 0

問 3.10 $2\pi i$

問 3.11 $\displaystyle\int_C \dfrac{dz}{z^2+1} = \dfrac{1}{2i}\left(\int_C \dfrac{dz}{z-i} - \int_C \dfrac{dz}{z+i}\right) = \dfrac{1}{2i}(2\pi i - 0) = \pi$ （$C = C_1 + C_2$），
$\left|\displaystyle\int_{C_1} \dfrac{dz}{z^2+1}\right| = \left|\displaystyle\int_0^\pi \dfrac{iRe^{i\theta}}{R^2 e^{2i\theta}+1} d\theta\right| \leq \dfrac{R}{R^2-1}\displaystyle\int_0^\pi d\theta = \dfrac{\pi R}{R^2-1} \to 0$ （$R\to\infty$）

問 3.12 （1） $|I_1| = \left|i\displaystyle\int_0^\pi e^{iR\cos\theta - R\sin\theta} d\theta\right| \leq 2\displaystyle\int_0^{\pi/2} e^{-R\sin\theta} d\theta \leq 2\displaystyle\int_0^{\pi/2} e^{-R\frac{2}{\pi}\theta} d\theta$
$= \dfrac{\pi}{R}(1-e^{-R})$

（2） $I_2 + I_4 = -\displaystyle\int_r^R \dfrac{e^{-ix}}{x} dx + \displaystyle\int_r^R \dfrac{e^{ix}}{x} dx = 2i\displaystyle\int_r^R \dfrac{\sin x}{x} dx$

（3） $I_3 = -i\displaystyle\int_0^\pi e^{iz} d\theta \to -i\displaystyle\int_0^\pi 1\, d\theta$ （$|z| = r \to 0$）

問 3.13 （1） $2\pi i$ （2） $2\pi e^2 i$

問 3.15 （1） $4\pi i$ （2） $\dfrac{\pi}{3e}i$ （3） $-\dfrac{\pi^3}{4}i$

問 3.16 $|f^{(n)}(a)| = \left|\dfrac{n!}{2\pi i}\displaystyle\int_C \dfrac{f(z)}{(z-a)^{n+1}} dz\right| \leq \dfrac{n!}{2\pi}\dfrac{M}{r^{n+1}} 2\pi r = \dfrac{n!\, M}{r^n}$

問 3.17 （1） $\displaystyle\sum_{n=1}^\infty n z^{n-1}$ （2） $\dfrac{1}{2}\displaystyle\sum_{n=0}^\infty \left(1-\dfrac{1}{3^{n+1}}\right) z^n$ （3） $\displaystyle\sum_{n=0}^\infty \dfrac{(-1)^n 2^n}{n!} z^n$

問 3.18 （1） $\displaystyle\sum_{n=0}^\infty (-1)^n \dfrac{n+1}{2^{n+2}}(z-2)^n$, $|z-2|<2$

（2） $-\sum_{n=0}^{\infty}(z-1)^{2n}$, $|z-1|<1$

（3） $\sum_{n=0}^{\infty}\dfrac{(-1)^n}{(2n)!}\left(z-\dfrac{\pi}{2}\right)^{2n}$, 全平面 C

問 3.20　$f(z)=\cos^2 z+\sin^2 z-1$ は C で正則関数であって，実軸上で $f(z)$ は恒等的に 0．そこで一致の定理を使う．

問 3.21　$|z(z+1)^2|=|z|=2$ より $z=-1$ のとき最大値は 2．

問 3.22　例題 3.10 から $|f(z)|\leqq |z|$, $\left|\dfrac{f(z)-f(0)}{z}\right|=\left|\dfrac{f(z)}{z}\right|\leqq 1$ で $z\to 0$ とする．

練習問題 3
[A]

1. いずれも $-\dfrac{44}{3}+\dfrac{4}{3}i$

2. （1） $\dfrac{1}{12}-\dfrac{3}{5}i$　（2） $-4+12i$　（3） $-\dfrac{2}{3}$

3. （1） $\dfrac{104}{3}+23i$　（2） $\dfrac{104}{3}+4i$　（3） $\dfrac{104}{3}+\dfrac{76}{3}i$

4. （1） $\dfrac{1}{2}(1+i)$　（2） $\dfrac{1}{2}i$　（3） 1

   （4） $\dfrac{1}{2}\{(1+\sqrt{2})+\log(1+\sqrt{2})\}$

5. （1） πi　（2） $\dfrac{\pi}{2}i$　（3） $-\dfrac{2}{3}$

   （4） $\displaystyle\int_0^\pi \sqrt{4\sin^2\dfrac{\theta}{2}}\,d\theta$ と変形して 4．

6. （1） $e\pi i$　（2） 0　（3） $2\pi i\sin 1$　（4） $4\pi i$

   （5） $-\dfrac{2}{3}\pi i$　（6） 0　（7） $\dfrac{2}{3}\pi i$　（8） $\left(\sqrt{e}+\dfrac{1}{\sqrt{e}}-2\right)\pi i$

   （9） $-\pi(\sin 1-i\cos 1)$　（10） $\dfrac{\pi}{3}(\sqrt{3}-i)$

7. （1） 0　（2） $\dfrac{2\pi i}{(n-1)!}$　（3） 0

8. （1） $30\pi ei$　（2） $\dfrac{\pi e}{3}i$　（3） $-\dfrac{\pi^5}{12}i$

9. （1） $1-\dfrac{2}{1-z}=-1-2\sum_{n=1}^{\infty}z^n$, $|z|<1$　（2） $1+iz-\dfrac{z^2}{2!}-i\dfrac{z^3}{3!}+\dfrac{z^4}{4!}+\cdots$

（3） $\dfrac{1}{1-z} - \dfrac{2}{3\left(1-\dfrac{z}{3}\right)} = \sum_{n=0}^{\infty}\left(1-\dfrac{2}{3^{n+1}}\right)z^n$, $|z|<1$

（4） $\dfrac{1}{2}(1-\cos 2z) = \sum_{n=1}^{\infty}(-1)^{n-1}\dfrac{2^{2n-1}}{(2n)!}z^{2n}$

10. （1） $\dfrac{1}{3-z} = \dfrac{1}{1-(z-2)} = \sum_{n=0}^{\infty}(z-2)^n$, $|z-2|<1$

（2） $\dfrac{1}{z} = -\sum_{n=0}^{\infty}(z+1)^n$ を微分して $\dfrac{1}{z^2} = \sum_{n=1}^{\infty}n(z+1)^{n-1}$, $|z+1|<1$

（3） $-\sum_{n=0}^{\infty}\dfrac{1}{n!}(z-\pi i)^n$, 全平面 C

（4） $\dfrac{\pi i}{2} - \sum_{n=1}^{\infty}\dfrac{i^n}{n}(z-i)^n$, $|z-i|<1$

11. （1） $1+z-\dfrac{z^3}{3}-\dfrac{z^4}{6}$ （2） $-\dfrac{1}{\sqrt{2}}+\dfrac{z}{\sqrt{2}}+\dfrac{z^2}{2\sqrt{2}}-\dfrac{z^3}{6\sqrt{2}}-\dfrac{z^4}{24\sqrt{2}}$

（3） $z-z^2+\dfrac{2}{3}z^3-\dfrac{z^4}{3}$

12. $z-\dfrac{z^3}{3!}+\dfrac{z^5}{5!}+\cdots = (c_0+c_1z+c_2z^2+\cdots)\left(1-\dfrac{z^2}{2!}+\dfrac{z^4}{4!}+\cdots\right)$ を展開して係数を比較すれば，$z+\dfrac{1}{3}z^3+\dfrac{2}{15}z^5$．

13. $|e^z-1| \leqq |z|+\dfrac{|z|^2}{2!}+\dfrac{|z|^3}{3!}+\cdots = |z|\left(1+\dfrac{|z|}{2!}+\dfrac{|z|^2}{3!}+\cdots\right) \leqq |z|\left(1+\dfrac{|z|}{1!}+\dfrac{|z|^2}{2!}+\cdots\right)$

14. （1） 0（位数は3），$n\pi$（n は 0 でない整数，位数は 1）

（2） $\pm\sqrt{3}$（どちらも位数は 1）

15. $f(z) = \dfrac{1}{1-z}$ は $|z|<1$ で正則，$f\left(\dfrac{1}{n}\right) = \dfrac{n}{n-1}$, $\dfrac{1}{n} \to 0 \in D: |z|<1$ から一致の定理が使える．

16. （1） $|2z^2+z+1| \leqq 2|z|^2+|z|+1 \leqq 4$ より最大値は 4．（2） $|z|=1$ で最大値をとるから $|2z-1| = |z|\left|2-\dfrac{1}{z}\right| = |2-\overline{z}| = |2-z|$．最大値は 1．

17. 最大値は $|z-2|=1$ 上の点 $2+e^{i\theta}$ でとるから $|e^{2+\cos\theta+i\sin\theta}| = e^{2+\cos\theta}$．これの最大値は e^3．

18. $\dfrac{1}{f(z)}$ に最大絶対値の原理を用いる．

[B]

1. $\dfrac{1}{2i}\int_C (x-iy)(dx+i\,dy)$ を展開してグリーンの定理を用いる.

2. (1) $\left|\int_C (z-1)^2\,dz\right| \leq \int_C |z-1|^2\,|dz| = r\int_0^{2\pi} |re^{i\theta}-1|^2\,d\theta$
$= r\int_0^{2\pi} (re^{i\theta}-1)(re^{-i\theta}-1)\,d\theta = r\int_0^{2\pi} (r^2+1-2r\cos\theta)\,d\theta$
$= 2\pi r(r^2+1)$

(2) $\left|\int_C e^z\,dz\right| \leq \int_C |e^z||dz| = \int_C e^{r\cos\theta}|dz| \leq e^r\int_C |dz|$

3. $\int_0^{2\pi} f(e^{i\theta})\dfrac{1+\cos\theta}{2}\,d\theta = \int_C f(z)\left(\dfrac{1}{2}+\dfrac{1}{4}\left(z+\dfrac{1}{z}\right)\right)\dfrac{dz}{iz}$
$= \dfrac{1}{2i}\int_C \dfrac{f(z)}{z}\,dz + \dfrac{1}{4i}\int_C f(z)\,dz + \dfrac{1}{4i}\int_C \dfrac{f(z)}{z^2}\,dz = \dfrac{1}{2i}2\pi i f(0) + \dfrac{1}{4i}2\pi i f'(0)$

4. $D \ni a$ を中心とする D に含まれる閉円板内の任意の閉曲線 C に対して $\int_C f_n(z)\,dz = 0$. 一様収束より $\int_C f(z)\,dz = \lim_{n\to\infty}\int_C f_n(z)\,dz = 0$. よって,モレラの定理により $f(z)$ は正則になる.

5. $f(z) = \sum_{n=0}^{\infty} a_n z^n$ として $g(z) = \dfrac{f(z)}{z^k} - \sum_{n=0}^{k-1}\dfrac{a_n}{z^{k-n}}$ とおくと $g(z)$ は整関数で $g(0) = a_k$, $\lim_{z\to\infty}\left|\dfrac{f(z)}{z^k}\right| = \lim_{z\to\infty}|g(z)| > 0$. リューヴィルの定理により $g(z) = g(0) = a_k$, $f(z) = \sum_{n=0}^{k} a_n z^n$.

6. $\int_C \left(z+\dfrac{1}{z}\right)^{2n}\dfrac{1}{z}\,dz = i2^{2n}\int_0^{2\pi}\cos^{2n}\theta\,d\theta = \sum_{k=0}^{2n}{}_{2n}C_k\int_C z^{2n-2k-1}\,dz = {}_{2n}C_n 2\pi i$

7. (1) $\int_C e^{-z^2}\,dz = 0$, $\int_{C_1},\int_{C_3} \to 0\,(R\to\infty)$ から $\lim_{R\to\infty}\int_{-R}^{R} e^{-(x+ia)^2}\,dx$
$= \lim_{R\to\infty}\int_{-R}^{R} e^{-x^2}\,dx = \sqrt{\pi}$

(2),(3) は (1) の実部と虚部を比較する.

8. $f(z) = \sum_{n=0}^{\infty} a_n z^n$ として,$f'(z) = \sum_{n=1}^{\infty} n a_n z^{n-1}$ の展開の一意性より $a_0 = a_1$, $a_1 = 2a_2$, $a_2 = 3a_3$, …. よって,$a_0 = a_1 = 1$, $a_2 = \dfrac{1}{2}$, $a_3 = \dfrac{1}{3!}$, …, $a_n = \dfrac{1}{n!}$, ….

9. $g(z) = f(z) - \overline{f(\bar z)}$ は C で正則.実軸上で $g(z) \equiv 0$ であるから,一致の定理により C で $g(z)$ は恒等的に 0 である.

10. $|e^{f(z)}| = |e^{u+iv}| = e^u \leq e^M$ $(\mathrm{Re}\,f(z) \leq M)$. $e^{f(z)}$ は C で正則より定理 3.7

が使える.

11. （1） $|z|=r<R$ で $f(z)$ は絶対収束することから項別積分可能であるので

$$\int_0^{2\pi} |f(re^{i\theta})|^2 \, d\theta = \int_0^{2\pi} \left(\sum_{n=0}^\infty c_n r^n e^{i\theta n}\right)\left(\sum_{n=0}^\infty \overline{c_n} r^n e^{-i\theta n}\right) d\theta$$

$$= \sum_{n=0}^\infty \sum_{m=0}^\infty \int_0^{2\pi} (c_n \overline{c_m} r^{n+m} e^{i(n-m)\theta}) \, d\theta,$$

ここで $n \neq m$ のとき $\int_0^{2\pi} e^{i(n-m)\theta} \, d\theta = 0$, $n=m$ のときは 2π である.

12. $g(z) = \dfrac{f(z)-1}{f(z)+1}$ とおく. $\mathrm{Re}\,f \geq 0$ のとき, $|f(z)-1| \leq |f(z)+1|$ すなわち $|g(z)| \leq 1$ で $g(0)=0$. シュヴァルツの補題を用いる.

第 4 章

問 4.1 （1） $-\dfrac{1}{z} - \sum_{n=0}^\infty z^n$ （2） $\dfrac{1}{z-1} + \sum_{n=0}^\infty (-1)^{n+1}(n+2)(z-1)^n$

（3） $\dfrac{1}{2}\dfrac{1}{z-i} + \dfrac{1}{4i}\sum_{n=0}^\infty \left(\dfrac{-1}{2i}\right)^n (z-i)^n$ （4） $\dfrac{1}{z^2} - \sum_{n=0}^\infty \dfrac{(-1)^n}{(2n+3)!} z^{2n}$

問 4.2 （1） $-\dfrac{1}{z} - 2 - \dfrac{5}{2}z - \dfrac{8}{3}z^2 - \dfrac{65}{24}z^3$

（2） $\dfrac{e}{z-1} + \dfrac{e}{2}(z-1) - \dfrac{e}{3}(z-1)^2 + \dfrac{3e}{8}(z-1)^3$

問 4.3 （1） $z=-1$ と $z=-2$ が位数 1 の極

（2） $z=0$ が除去可能な特異点

（3） $z=0$ が位数 1 の極, $z=-1$ が位数 2 の極

問 4.4 （1） $\dfrac{1}{9}\dfrac{1}{z-1}$ （2） $-\dfrac{1}{3}\dfrac{1}{(z+2)^2} - \dfrac{1}{9}\dfrac{1}{z+2}$

問 4.5 $b_{-1} = \dfrac{1}{a_1}$, $b_0 = -\dfrac{a_2}{a_1^2}$, $b_1 = \dfrac{a_2^2}{a_1^3} - \dfrac{a_3}{a_1^2}$

問 4.7 （1） $\dfrac{1}{2}$ （2） ∞ （3） 極限なし

問 4.8 （1） 位数 1 の極 （2） 位数 2 の極 （3） 真性特異点

問 4.11 $a = \alpha + i\beta$, $z = x+iy$ とおくとき, $az + \overline{az} - 1 = 0$ は xy 平面の直線 $2\alpha x - 2\beta y - 1 = 0$ を表す.

問 4.12 （1） $w = \dfrac{2}{3}$ を中心とする半径 $\dfrac{1}{3}$ の円 （2） 点 $-\dfrac{1}{2}i$ を通り実軸に平行な直線 （3） $w = \dfrac{1}{2}$ を中心とする半径 $\dfrac{1}{2}$ の円

問 4.13 $w = \dfrac{13z - 23}{7z - 17}$

問 4.14 （1） $\dfrac{1}{3}$ （2） 2 （3） $\dfrac{12+3i}{68}$ （4） $-\dfrac{i}{4}$

問 4.15 （1） 2 （2） -10 （3） $-e^{-1}$

問 4.16 （1） $-\dfrac{1}{8}$ （2） 1

問 4.18 $\varphi(z)=z^4$, $\psi(z)=z^4-z^2+3z+2$ とおいて考えよ.

問 4.19 （1） $\dfrac{1}{3}\dfrac{1}{z-1}+\dfrac{2}{3}\dfrac{1}{z+2}$ （2） $\dfrac{1}{2}\dfrac{1}{(z+1)^2}-\dfrac{1}{4}\dfrac{1}{z+1}+\dfrac{1}{4}\dfrac{1}{z+3}$

（3） $z-\dfrac{2}{z+2i}-\dfrac{2}{z-2i}$

問 4.20 （1） $\dfrac{\pi}{6}$ （2） $\dfrac{\pi}{\sqrt{2}}$ （3） $\dfrac{2\pi}{\sqrt{3}}$ （4） $\dfrac{4\pi}{3\sqrt{3}}$

練習問題 4

[A]

1. （1） $\sum_{n=0}^{\infty}\left(1-\dfrac{1}{2^n}\right)z^n$ （2） $-\sum_{n=1}^{\infty}\dfrac{1}{z^n}-\sum_{n=0}^{\infty}\dfrac{z^n}{2^n}$ （3） $\sum_{n=1}^{\infty}(2^n-1)\dfrac{1}{z^n}$

2. $z=1,-1,\infty$ でのローラン展開の主要部は, それぞれ $\dfrac{1}{2}\dfrac{1}{(z-1)^2}+\dfrac{9}{4}\dfrac{1}{z-1}$,

$-\dfrac{1}{4}\dfrac{1}{z+1}$, z^2+z.

3. （1） $\sum_{n=2}^{\infty}(-1)^n\dfrac{1}{z^n}$ （2） $-\dfrac{1}{z+1}-\sum_{n=0}^{\infty}(z+1)^n$

（3） $\dfrac{2}{(z-1)^2}-\dfrac{1}{z-1}+\sum_{n=0}^{\infty}(-1)^n(z-1)^n$

（4） $z^3-\dfrac{1}{2!}z+\sum_{n=0}^{\infty}\dfrac{(-1)^n}{(2n+4)!}\dfrac{1}{z^{2n+1}}$

4. 順に, 原点を中心とする半径 1 の円, 実軸, 虚軸

5. （1） $w=\dfrac{(1+i)z-1}{2z-(2+i)}$ （2） $w=\dfrac{(10+6i)z-6}{(3-4i)z+3}$

6. $\dfrac{1+\sqrt{5}\,i}{2},\dfrac{1-\sqrt{5}\,i}{2}$

7. （1） $\dfrac{28}{25}$ （2） $\dfrac{-3+4i}{50}$ （3） -1

8. （1） $z=0,\sqrt{3}\,i,-\sqrt{3}\,i$ で各位数 1 の極, 留数 $\dfrac{1}{3},-\dfrac{1}{6},-\dfrac{1}{6}$

（2） $z=-2$ で位数 1 の極，留数 $-\dfrac{2}{27}$，$z=-5$ で位数 3 の極，留数 $\dfrac{2}{27}$

（3） $z=\pi i,-\pi i$ で各位数 1 の極，留数 $-\dfrac{1}{2\pi i}, \dfrac{1}{2\pi i}$，$z=\infty$ で真性特異点，留数 0

（4） $z=i,-i$ で各位数 2 の極，留数 $\dfrac{i}{4}, -\dfrac{i}{4}$，$z=\infty$ で真性特異点，留数 0

（5） $z=-1$ で位数 $n+1$ の極，留数 $(-1)^n\,_{2n}C_n$，$z=\infty$ で位数 $n-1$ の極，留数 $(-1)^{n+1}\,_{2n}C_n$

（6） $z=\dfrac{\pi}{2}+n\pi\ (n\in \boldsymbol{Z})$ で位数 1 の極，留数は各 n について -1，∞ ではローラン展開不可能

9. $\varphi(z)=z^4$, $\psi(z)=z^4+3z^2+z+1$ ととり $|z|<2$ で解が 4 個，$\varphi(z)=z^4+3z^2$, $\psi(z)=z^4+3z^2+z+1$ ととり $|z|<1$ で解が 2 個あることがわかる．

10. $\varphi(z)=z^3$, $\psi(z)=z^3-e^z$ として，$e^2<2^3=8$ を使う．

11. （1） $\dfrac{2}{z-2}-\dfrac{1}{z-1}$ （2） $z-1+\dfrac{4}{z-3}+\dfrac{9}{z+4}$

（3） $-\dfrac{1}{2}\dfrac{1}{(z+3)^2}-\dfrac{1}{4}\dfrac{1}{z+3}+\dfrac{1}{4}\dfrac{1}{z+1}$

（4） $-\dfrac{1-i}{4}\dfrac{1}{z+i}-\dfrac{1+i}{4}\dfrac{1}{z-i}+\dfrac{1}{2}\dfrac{1}{z-1}$

（5） $-\dfrac{1-2i}{4}\dfrac{1}{(z+i)^2}+\dfrac{i}{4}\dfrac{1}{z+i}-\dfrac{1+2i}{4}\dfrac{1}{(z-i)^2}-\dfrac{i}{4}\dfrac{1}{z-i}$

12. （1） $\dfrac{7}{10}$ （2） $\dfrac{3}{4}$ （3） $\dfrac{1-i}{4}$ （4） $-\dfrac{1}{3}$

13. （1） $\dfrac{2\pi}{\sqrt{3}}$ （2） $\dfrac{\pi}{2\sqrt{2}}$ （3） $\dfrac{\pi}{6}$ （4） $\dfrac{\pi}{\sqrt{2}}$ （5） $\dfrac{3\pi}{8\sqrt{2}}$

[B]

1. （1） $e^z-1=zg(z)$, $g(0)\neq 0$ と表せるから．

（2） $B_0=1$, $B_1=-\dfrac{1}{2}$, $B_2=\dfrac{1}{6}$, $B_3=0$

（3） $f(z)-B_1 z=\dfrac{z}{2}\dfrac{e^z+1}{e^z-1}$ が偶関数になるから．

2. $\operatorname{Im} w=\dfrac{1}{2i}(w-\bar{w})=\dfrac{1}{2i}(z-\bar{z})\dfrac{ad-bc}{|cz+d|^2}=\operatorname{Im} z\dfrac{ad-bc}{|cz+d|^2}$ が成り立つことを使う．

3. $|w|^2 = |\lambda|^2 \dfrac{|z-a|^2}{|z-\overline{a}|^2} = \dfrac{|z-a|^2}{|z-\overline{a}|^2}$ より，$|z-a|^2 < |z-\overline{a}|^2$ を示す．

4. R を十分大きくとり，$\dfrac{P'(z)}{P(z)}$ を $R < |z| < \infty$ でローラン展開する．この級数の $\dfrac{1}{z}$ の係数，すなわち留数 $\operatorname{Res}\left(\dfrac{P'(z)}{P(z)}, \infty\right)$ は n となり
$I = \dfrac{1}{2\pi i} \displaystyle\int_C \dfrac{P'(z)}{P(z)} dz = n$ が成り立つ．一方，I は定理 4.7 より領域 $|z| < R$ における $P(z)$ の零点の数でもある．

5. $\operatorname{Res}\left(\dfrac{g(z)}{f(z)}, a\right) = \lim_{z \to a} (z-a) \dfrac{g(z)}{f(z)} = \dfrac{\{(z-a)g(z)\}'}{f'(z)}\bigg|_{z=a} = \dfrac{g(a)}{f'(a)}$

索　引

あ 行

位数	66, 80, 84
1次変換	85
一様収束	17
一致の定理	68
円円対応	86
オイラーの公式	6

か 行

開門板	8
開集合	8
ガウス平面	2
基本周期	33
共役複素数	2
極	80, 84
極形式	4
極限値	11, 13
虚数	1
虚数単位	1
虚部	1
近傍	8
原始関数	48
広義一様収束	17
コーシーの積分定理	52
コーシー–リーマンの関係式	27
コーシー列	14
孤立特異点	79
コンパクト一様収束	17
コンパクト集合	8

さ 行

最大絶対値の原理	69

（中央段）

3角関数	36
指数関数	32
実部	1
シュヴァルツの補題	70
収束	11, 13
収束半径	19
主要部	79, 83
純虚数	1
除去可能な特異点	80, 83
初等関数	40
真性特異点	80, 84
整関数	24
正則	24
正則関数	24
絶対収束	15
絶対値	3
双曲線関数	39

た 行

代数学の基本定理	67
対数関数	33
単純曲線	43
単純閉曲線	43
単連結	51
調和関数	29
テイラー展開	64
導関数	24
ド・モアブルの公式	5

な 行

滑らかな曲線	43

は 行

発散	13

（右段）

微分可能	24
微分係数	24
複素関数	9
複素球面	83
複素数	1
複素積分	45
複素平面	2
複比	87
部分分数展開	96
閉集合	8
べき級数	19
偏角	3

ま 行

マクローリン展開	64
無限遠点	80

や 行

優級数	18
有理型関数	96

ら 行

立体射影	83
リューヴィルの定理	67
留数	88
領域	10
零点	66
連続	12
ローラン展開	77

硲野 敏博	名城大学理工学部
加藤 芳文	名城大学理工学部

理工系の基礎　複素解析

2001年 3月20日　第1版　第1刷　発行
2020年 4月10日　第1版　第5刷　発行

著　者　硲野 敏博
　　　　加藤 芳文
発行者　発田 和子
発行所　株式会社 学術図書出版社
〒113-0033　東京都文京区本郷5-4-6
電話 03-3811-0889　振替 00110-4-28454
印刷　三美印刷（株）

定価はカバーに表示してあります．

本書の一部または全部を無断で複写（コピー）・複製・転載することは，著作権法で認められた場合を除き，著作者および出版社の権利の侵害となります．あらかじめ，小社に許諾を求めてください．

© 2001　T. HADANO Y. KATO　Printed in Japan
ISBN 978-4-87361-235-5